知の扉シリーズ

対談
黒川信重 × 小島寛之

21世紀の新しい数学

絶対数学、リーマン予想、そしてこれからの数学

技術評論社

楽しい数学「耳学問」をあなたに

　本書は、話題の未解決問題・リーマン予想と、つい最近、望月新一教授によって解決されたかも、と評判のabc予想を中心に、21世紀の新しい数学を展望する本です。

　まず、ぼくと数学者・黒川信重先生との対談がメインです。対談の内容は、映画『容疑者Xの献身』のような柔らかい話題から、数学の最新のトピックスまで多岐にわたります。この対談は、とりあえず、ざーっと読み進むことをお勧めします。数学の専門用語が乱発されますが、細かいことはあまり気にせず、雰囲気で読んでしまってください。イメージとしては、フレンチレストランで、ソムリエからワインの説明を受けていることを思い浮かべていただければいいです。ソムリエは、「このワインは、どこどこ地方の、なんとかいう品種のブドウを、どうとかいう製法で発酵させ、創り手はなんとかいう人で、土壌はどうのこうの・・・」と非常に熱心に解説してくれますが、多くの客はその説明をすべて理解できるわけではないし、覚えることもままならないです。でも、そういう説明を受けるのは苦痛どころか、むしろワクワクすることではないでしょうか。断片的にわかることから、そのワインに込められている創り手の想いみたいなものが伝わり、これから味わうワインに親しみが湧いてくるでしょう。本書の対談も、そういうソムリエのウンチクふうに楽しんでいただければと思うのです。

　ぼく自身の経験で言えば、数学でも物理でも、専門家たちが飲み

会でする「よもや話」に参加しているときが最も幸せです。彼らは口が軽くなって、シラフなら決して言わないような、大胆な解釈や夢や批判を口にします。そういうのを聴いていると、専門用語の意味はわからないものの、数学や物理の世界の「現在と未来」が浮かび上がり、ワクワクしてしまいます。こういうのを世の中では「耳学問」と呼びます。耳学問こそが真に豊かな時間なのです。本書の対談は、（シラフで話していますが、笑い）、そんな耳学問の楽しさをプレゼントします。

　次に、いくつかの重要な数学概念については、ぼくが「図解」としてお見せする試みをしました。これまで何冊読んでも理解に及ばなかった読者が、「なんだ、そーゆーことか」と膝を叩いてくださることを期待しています。

　さらに、多少数学に心得のある読者は、付録の黒川先生によるレクチャー「空間と環」をお読みください。これは、整数から超準解析までを「環」の理論で貫き、「環から空間を構成する」という、とても斬新な内容です。超準解析とは、無限大や無限小を実在の数として捉え、関数の連続性や微分積分を極限概念なしに展開する理論で、これが「環」と深く関わることは、専門家にさえあまり知られていない事実ではないか、と思われます。

　それでは、21世紀の新しい数学世界の旅をゆっくりご堪能ください。

本書のナビゲーター
小島寛之

まえがき　　　　　　　　　　　　　　　　　　　　　2

第1章　リーマン予想が映画『容疑者Xの献身』に出現 ── 7
　数学者が犯人!?　　　　　　　　　　　　　　8
　数学者 vs. 物理学者　　　　　　　　　　　　12
　　　図解 ステップ1 オイラーの発見　　　　　16

第2章　数学はメディアでどう取り上げられてきたか? ── 19
　abc予想の場合　　　　　　　　　　　　　　20
　みんなで盛りあがれる数学　　　　　　　　　24
　　　図解 ポアンカレ予想　　　　　　　　　　26
　　　図解 ステップ2 オイラーの五角数定理　　32

第3章　未解決問題はどうやって解決されていくべきか ── 33
　賞なんていらない!?　　　　　　　　　　　　34
　予想解決の先を見る　　　　　　　　　　　　36
　　　解説 谷山予想　　　　　　　　　　　　　42

第4章　abc予想、リーマン予想の今 ── 43
　リーマン予想解決の強力助っ人登場?　　　　44
　数学者は孤独?　　　　　　　　　　　　　　47
　リーマン予想の今　　　　　　　　　　　　　50
　　　図解 ステップ3 複素数の関数　　　　　　52

第5章　abc予想の攻略方法はフェルマー予想と同じだった! ── 55
　abc予想とフェルマー予想　　　　　　　　　56
　abc予想の別のバージョン　　　　　　　　　59
　　　解説 スピロ予想　　　　　　　　　　　　60
　　　図解 ステップ4 リーマンゼータ　　　　　63
　　　図解 ステップ5 リーマン予想　　　　　　66

第6章　数学の厳密さと奔放さ ── 67
　自由性あっての数学　　　　　　　　　　　　68
　　　図解 スペックゼット　　　　　　　　　　71
　ゼータ関数は生きている!　　　　　　　　　72
　リーマンゼータのいろいろな表し方　　　　　75

	解説 零点に関する積	76
	図解 セルバーグゼータ	79
	図解 ステップ6 素数定理	82

第7章 コンピュータとゼータの間柄 ─── 83
今までみすごしていたリーマン予想の虚部　84
コンピュータと未解決問題　90

第8章 これからの数学のカギを握るスキーム理論 ─── 101
イデアルの威力全開　102
　　図解 極大イデアルと素イデアル　105
いよいよスキーム理論へ　107
　　図解 ゲルファント・シロフの定理　109
　　図解 ステップ7 リーマン素数公式　114

第9章 コホモロジーという不変量からゼータを攻める! ─── 115
　　図解 ステップ8 ホモロジーとコホモロジー　119

第10章 多項式と整数の類似性 ─── 125
多項式版が先か、整数版が先か　126
整数も微分できる?　130

第11章 ラマヌジャンと保型形式 ─── 135
ラマヌジャンの奇抜な発想　136
　　解説 ラマヌジャンのデルタ等　137
深リーマン予想　139
数学者は美しいものに弱い!?　141

第12章 双子素数解決間近!? ─── 145

第13章 素数の評価とリーマンゼータの零点との関連性 ─── 149
規則性と不規則性のはざまで　150
ゼータ関数は三角関数の1つ　154

第14章 黒川テンソル積という新兵器 ─── 157
今もっとも有望な方法論に迫る　158
　　図解 ドリーニュの方法のイメージ図　161
　　図解 ガウス積分　163

解決目前か？　　　　　　　　　　　　165
　　　　　解説　黒川テンソル積　　　　　　168

第15章　アインシュタインの奇跡の年、黒川の奇跡の年 ───── 169

付録　**空間と環**　　　　　　　　　　　　　175

　1 位相空間　　　　　　　　　　　　　175
　2 環　　　　　　　　　　　　　　　　177
　3 イデアル　　　　　　　　　　　　　179
　4 スキームと位相　　　　　　　　　　184
　5 ハッセ・ゼータ関数　　　　　　　　190
　6 ゲルファント・シロフの定理　　　　193
　7 有限位相空間の場合　　　　　　　　194
　8 一般の場合の証明　　　　　　　　　197
　9 超準構成　　　　　　　　　　　　　200
　10 絶対スキーム　　　　　　　　　　　203

索引　　　　　　　　　　　　　　　　　　207

リーマン予想が
映画『容疑者Xの献身』に出現

第1章

数学者が犯人!?

小島 本書では、数学界最大の難問・リーマン予想（☞ 図解 リーマン予想 66 ページ）とそれを解決するための有望な方法論である絶対数学について、黒川先生に詳しく説明していただきます。まずは、読者の方にも興味津々の柔らかい話題から入りたいと思います。

東野圭吾さんの推理小説ガリレオシリーズの映画化である『容疑者Xの献身』に、黒川先生は資料提供されていますよね。犯人の数学者・石神に湯川が数学の論文を渡すシーンで。

黒川 （『容疑者Xの献身』で使われたリーマン予想の論文資料を見ながら）これがたぶん画面にこんな感じ（資料1）でちょっとは映ったはずなんですよね。こんな感じで付箋もあるんですね。付箋にどんなことを書くかという相談までしないといけないんです。

小島 それも黒川先生が？

黒川 そうなんです。これは、ぼくの所に赤塚広隆君という人がいたときのことです。赤塚君は、この3月まで九州大

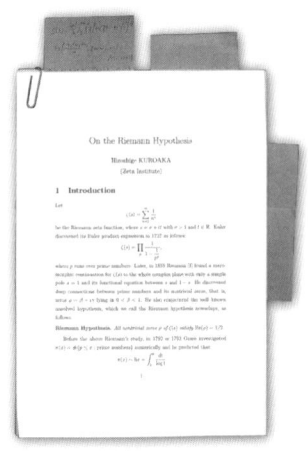

（資料1）

学にいて、その後、4月からは小樽商科大学の先生になっています。彼に手伝ってもらったので、著者名はよく見るとHiroshige KUROAKA（黒赤広重）という名前になっています。

小島 KUROAKAは珍しい！

黒川 そうなんです。Hiroshigeはありそうですけどね。映画ではこういうのを見る振りはしているんです。たしかに。

小島 映画の中ではこの論文は、リーマン予想の反例を挙げた論文でしたね。もちろん、反例があったら大事件なので、その反例の証明自体が間違っているように仕組まれているのだろうと思うのですが。

黒川 そうなんです。リーマン予想は成り立たないということを証明しているんです。ただ、映画の筋では、本当は"Disproof of Riemann Hypothesis"（リーマン予想の反証）というのが標準なんですね。ただそれほど明解だとまずいんですね。これを渡して読ませる。数学能力がまだまだ健在だということを確かめるためにやっている、ある意味かまをかけているので、ちょっと読まないとわからない。

小島 簡単には反例の証明の中の間違いが見つからないような。

黒川 違いというか、これは反証をやっている、ということがタイトルだけでわかるようなものだとまずい。

小島 そうですね。論文のタイトルに「リーマン予想の反証」

とあったら、それから先のシーンが台無しになりますね。

黒川 これはリーマン予想が成り立たないと言っているんだなということをセリフで言うことになっているので、そういうところも細かくやっています。

小島 映画とはいえ、ずいぶん慎重にやっているんですね。

黒川 それで Main Theorem あたりも少しいい加減なんですよ。リーマン予想から得られる素数定理の誤差項（☞ 図解 素数定理 82 ページ）よりは大きくなっているという、それはリーマン予想が成り立っていないといっているんです。

小島 この反例の論文は、実際に提出されたことのある実在の論文を土台にしているんですか？

黒川 まったくのでっちあげです。

小島 わざわざ、黒川先生が考えたんですか！

黒川 この映画のために赤塚君と書いたんです。しかも適当に修正すればリーマン予想のちゃんとした証明になるようになっている。

小島 修正できればとは？

黒川 そうですね。誤差項の評価が $\log\log x$ くらいのものがおちているというくらいの間違いなんですよね、これがわかるとかなりリーマン予想の本質がわかるという人。

小島 要するに素人が起こすような過ちではない、けっこう本質的で、ありそうな間違いを仕込んである、ということですね。

黒川 そうそうそう。そういうようなことを映画関係者用にも資料1でまとめて書いたんです。論文の要点も書いてあるんですよ。だれも読まなかったと思いますけどね。リーマン予想の非常に簡単な歴史と概要と論文の間違いの要点とかが書いてあります。

小島 テレビドラマとかマンガとかに数学が出てくる場合がけっこうありますね。黒板に書いてあったりします。でも、安易な数式が多くて、まじめに眺めているとわらっちゃうことも多いです。

黒川 期待はずれのことがありますよね。

小島 でもこの映画の場合は、論文が映った瞬間、ばっちりリーマン予想に関連したものだなとわかったんですよ。

黒川 いまはDVDとかダウンロードできる形であるのかな。静止画とかプリントできるようなものだったらきっとかなり確認できるんですよね。でもまさかダウンロードしてもぱらっとめくれないですよね。3Dでもそこまでは進歩してないですよね。

小島 資料をまじめに作るところなんか、いかにも黒川先生らしいというか。

黒川 けっこうやる気のある助監督がいて、こういう付箋を30枚くらい書いてくださいとかね。ただ、これは映画の出演者の筆跡じゃないとまずいんですよね。だから1回見本を書い

たんだけど、映画版では書き変えていると思いますね。ぼくの手書きではないですね。

小島 じゃあ堤真一さん（『容疑者Ｘの献身』石神役）が書いたんですね。そこまで緻密にやっているんですね。

黒川 彼がこれをちゃんと読んだかどうかは知らないんだけど、ただ現場には置いてあって、見てたはずですけど…。

数学者 vs. 物理学者

小島 あの映画は数学者と物理学者の違いみたいなものを浮き立たせるようになっています。世の中の人は、数学者と物理学者を似かよった学者と見なしていると思いますが、実はかなり性格が違う部分があるんです。極端な言い方をすれば、物理学者は現実の物質の現象に興味があるので、細かい公理的な整合性には関心が薄い。一方、数学者はそれが現実的な存在であるかどうかなんてどうでもよくて、きちんと公理的な整合性があるなら、どんな空想的な世界でも受け入れるように思います。

　映画では、ガリレオ・湯川博士が物理学者、犯人・石神が数学者なので、2人はかなり違う感覚をもっていて、それはけっこうよく描けていたと思うんですよね。湯川は、細かい整合性よりも現実的な事実にこだわる。一方、石神は、証明の緻密さやエレガントさにこだわる。

一方で、雪山のシーンなんかはそういう物理とか数学とかを研究している人に共通の感覚を象徴的に表している。なんでたかが頂上にのぼるだけのために、あんな大変な思いをして命がけになるのか。あれはたぶん、数学者や物理学者が、1つの定理や法則を証明するためにものすごい努力をする、死にものぐるいになる、ということを映像的に表現しているのだと思います。霧が晴れた頂上からの風景を見たいがためだけに、人生のすべてを投げ打つ、みたいな。

　物理学者と数学者の関心の持ち方の違いについて、黒川先生はどうお感じですか？

黒川　物理といっても理論物理と実験物理で違いますし、理論物理でも素粒子論と統計物理でまた違うかもしれないですね。数学は素粒子の理論にはかなり近くて、いまの素粒子理論だと超弦理論あたりは、エドワード・ウィッテンとかあの辺も関わっていて、純粋数学にかなり近いところがあるんですよね。研究者のキャラクターとしても、だいぶ近いんじゃないかと。エドワード・ウィッテンは数学のフィールズ賞もとっているんですが、将来物理学でノーベル賞もとるかもしれない。

　ただ、物理でも超弦理論をやっている物理の人と数学の人で違うのは、証明というのをどう考えるかというところがだいぶ違う気がしますね。物理だと、話がうまく説得できればそれでいいと。要するに話がつながればいいという感じがするんです

よね。数学はもう少し地道に論理的な構造をチェックしないと気がすまないというところがある感じがします。物理学者の直感というのはだいたいあたっていることが多いので、それをもとに数学者がきちんとした証明をつけるというのが、いまも進んでいると思うんですけどね。もちろん、物理学者が言ったことが正しくて全部再現できているとは思わないんですけど、物理のほうが少し直感的に先行して、それをというよりは別の定式化も含めて数学の人たちが発展させる、そういうことは非常に生産的だという気がしますね。

小島 これは数学者の友人から聞いた話ですが、ファインマンという物理学者が、量子力学において、経路積分とかいう技術を使っているけど、数学的にはぜんぜん正当化に成功していないらしい。でも物理学者は気にせず正しいものだとして使っている。いつか数学者がきちんと整合的に構築してくれるだろうと楽観している。そんなことを聞いたことがあります。だから、物理学者というのは、物理学的実在に重きを置いていて、数学的・公理論的に厳密にうまくいっているかどうかというのは自分たちの仕事の外側の問題だと思っている節もあります。

　これに関連して言うと、数学者のコンヌが、黒川先生が提唱した F_1 理論を推進させていますが、その論文のうち１本にはエントロピーという物理学の言葉が出てきます。**F_1 理論**（☞107ページ）とエントロピーは関係があるんですか？

黒川 その辺は疎いんですが…。もちろんエントロピーは重要な概念ですが。さっきの物理との関係でいうと、たぶんコンヌさんはもともと非可換幾何の専門家なので、物理にも非常に関心があるんですよね。物理の共著者がいて、何十編も論文を書いているんです。ある意味純粋物理的な標準模型とかの論文も書いているんです。だから、そっちの関心のほうから、エントロピーというのは来ていると思うんですが、ただぼくはあんまりエントロピーと $\mathbb{F}_1$ は結びつけなくてもいいんじゃないかという気はするんです。

小島 なるほど、そういうことですか。さて、東野さんのようなベストセラー作家が作品の中に当たり前のように登場させるくらい、**リーマン予想**（☞ 図解 リーマン予想 66 ページ）は多くの人にとって興味の対象だということは、数学ライターとしてとてもうれしいことです。NHK でも、リーマン予想の特集をして、大評判だったようですね。

黒川 あの NHK のリーマン予想の番組（2009 年秋、NHK スペシャル「魔性の難問〜リーマン予想・天才たちの闘い〜」）は日本では科学ジャーナリスト大賞を受賞し、フランスの賞もとりました。番組の制作に関わった者の 1 人として、数学が一般に認識されてうれしいことです。

図解で磨こう！ 数学センス　ステップ1　オイラーの発見

1 ゼータの発見

オイラーは1735年に次の等式を発見した。

$$\frac{1}{1^2}+\frac{1}{2^2}+\frac{1}{3^2}+\cdots=\frac{\pi^2}{6}(=1.644\cdots)$$

これは、「平方数の逆数を無限の先まで加えると円周率の平方を6で割った数になる」という驚くべき等式なのだ。

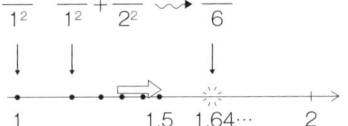

2 オイラーの証明

（観察1）$f(x)=x^2-5x+6$ は $x=2$ と $x=3$ で0になる。このとき

$$f(x)=(x-2)(x-3)$$

と因数分解できる。これは、

$$f(x)=6(1-\frac{x}{2})(1-\frac{x}{3})$$

と記しても同じである。これを**零点に関する積**と呼ぶ。

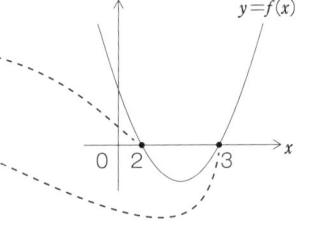

（観察2）$f(x)=\sin x$ は π（円周率）の整数倍
$x=\cdots-3\pi,-2\pi,-\pi,0,\pi,2\pi,3\pi,\cdots$
で0になる。このとき、

$$f(x)=\sin x$$
$$=\cdots(1+\frac{x}{3\pi})(1+\frac{x}{2\pi})(1+\frac{x}{1\pi})x(1-\frac{x}{1\pi})(1-\frac{x}{2\pi})(1-\frac{x}{3\pi})\cdots$$

と因数分解できる。

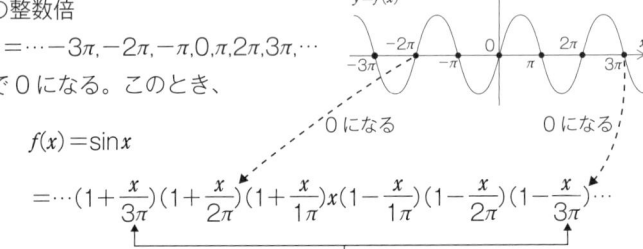

$$\left(1+\frac{x}{3\pi}\right)\left(1-\frac{x}{3\pi}\right)=\left(1-\frac{x^2}{9\pi^2}\right)$$

に注意すれば

$$f(x)=\sin x=x\left(1-\frac{x^2}{1^2\pi^2}\right)\left(1-\frac{x^2}{2^2\pi^2}\right)\left(1-\frac{x^2}{3^2\pi^2}\right)\cdots \quad ①$$

となる。

(観察3) $f(x)=\sin x$ は微分法を使うと

$$f(x)=\sin x=\frac{1}{1!}x-\frac{1}{3!}x^3+\frac{1}{5!}x^5-\cdots \quad ②$$

という無限次の多項式(テイラー展開)で表せる。
(ちなみに $k!=1\times 2\times\cdots\times k$ のこと)

(観察4) ①と②で x^3 の係数を取り出す。

$$\underbrace{-\frac{1}{1^2\pi^2}-\frac{1}{2^2\pi^2}-\frac{1}{3^2\pi^2}-\cdots}_{①の x^3 の係数}=\underbrace{-\frac{1}{3!}}_{②の x^3 の係数}$$

両辺に $-\pi^2$ を掛けよう。($3!=1\times 2\times 3=6$)

$$\frac{1}{1^2}+\frac{1}{2^2}+\frac{1}{3^2}+\cdots=\frac{\pi^2}{6}\text{(できあがり!!)}$$

3 オイラー積の発見

$$\frac{1}{1^2}+\frac{1}{2^2}+\frac{1}{3^2}+\cdots=\frac{2^2}{2^2-1}\cdot\frac{3^2}{3^2-1}\cdot\frac{5^2}{5^2-1}\cdot\frac{7^2}{7^2-1}\cdots$$

(全素数にわたる積)

　これは「平方数の逆数を無限の先まで加えた値($\frac{\pi^2}{6}$)と素数の平方をそれより1小さい数で割った分数を全素数にわたって掛けた値は等しい」ことを意味する。

4 オイラー積はなぜ成り立つか

（観察1）右の具体的な縦の割り算から

$$\frac{1}{1-x} = 1 + x + x^2 + x^3 + \cdots \quad ③$$

という等式が得られる。

ただし、等式③の右辺が通常の無限和として意味を持つ（収束する）のは

$$-1 < x < 1$$

の範囲である。これを**収束域**という。

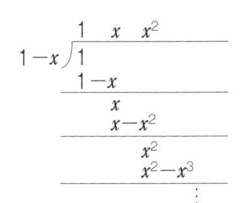

（観察2）③の両辺に $\frac{1}{p^2}$（ただし p は素数）を代入する。

$$\frac{1}{1-\frac{1}{p^2}} = 1 + \frac{1}{p^2} + \frac{1}{(p^2)^2} + \frac{1}{(p^3)^2} + \cdots$$

左辺は $\frac{p^2}{p^2-1}$ になるから、$p=2,3,5\cdots$ を順次代入して掛け算し、

$$\frac{2^2}{2^2-1} \cdot \frac{3^2}{3^2-1} \cdot \frac{5^2}{5^2-1} \cdots$$

$$= (1 + \frac{1}{2^2} + \boxed{\frac{1}{(2^2)^2}} + \frac{1}{(2^3)^2} + \cdots) \times (1 + \boxed{\frac{1}{3^2}} + \frac{1}{(3^2)^2} + \frac{1}{(3^3)^2} + \cdots) \times \cdots ④$$

が得られる。④の右辺を展開すると平方数（＝自然数の2乗）がすべて1回ずつ出てくる（素因数分解の一意性）。

たとえば、12^2 は、○をつけた2数の積から

$$\frac{1}{(2^2)^2} \times \frac{1}{3^2} = \frac{1}{(2^2 \times 3)^2} = \frac{1}{12^2}$$

のように現れる。したがって

$$④の右辺 = \frac{1}{1^2} + \frac{1}{2^2} + \frac{1}{3^2} + \cdots$$

となってめでたしめでたし！

（解説：小島）

数学はメディアで
どう取り上げられてきたか？

第2章

abc予想の場合

小島 リーマン予想は、今お話したように、映画やドキュメントなどで旬の話題として取り上げられています。そういう観点で言うと、最近、マスコミを賑わせたのは、京都大学数理解析研究所の**望月新一**さん**abc予想**の解決報道です。この報道については、科学報道についてのあり方への問題提起にもなりました。黒川先生はどんな感想をお持ちですか？

黒川 ぼくより小島さんに言っていただいたほうがいいと思うんですが、まずぼくが言うことにしますか。結局abc予想が解けたかどうかは、数学的には何年後かに論文が査読されてから発表される時点までわからないというのがたぶん本当だと思います。ただ、誰かが解けたと言って発表すると、それにつっこむとか飛びつくのは仕方がないと思うんですね。正しいかどうかはまた別物ですが。**ポアンカレ予想**（☞図解ポアンカレ予想26ページ）のときもそうだったでしょうね。ペレルマンが2003年くらいに論文をアーカイブに置いたんですが、結局その論文あるいは他の人たちの補充も含めることで2006年にポアンカレ予想が解けたということになりました。あのときはプロセスがあまり明瞭ではなかったのが残念なことです。つまり、ふつうは、解いた人の論文が査読後に数学専門誌に出ていて、だれでも読めるというふうになるんですが。本当に、処理を含

めて正しかったんですかね？現状はチェックしていないですが、アーカイブに置いてあるのかなと思いますが、それだとやっぱり不十分です。それを論じた後の人は3つのグループぐらいで本体は100ページくらいだけだったはずですが、500ページくらいの説明か別証をいれて、2006年に完了した。だから、そのときはどちらかというと、用いる数学的言葉はふつうだったんですが、証明のギャップを埋めるのに時間がかかった。ただ、本人の論文が正式に出版されなかったのはやっぱりまずい前例を作ってしまったと思います。

　ちょっと前に戻ると、フェルマー予想（1993年6月）のときはワイルズさんが解決を発表しました。そのときは大騒ぎになりましたが、間もなくミスが見つかって、1年以上、解けていない状態が続いていました。ワイルズさんも非常に苦しかったんですが、ワイルズさんの昔の学生、リチャード・テーラーさんを呼んで助けてもらって、1994年秋に一応できたというわけです。1995年の"Annals of Mathematics"誌に2つ論文が載っています（ワイルズさんの単著およびワイルズさんとテイラーさんの共著）。だから基本的にはワイルズさんの単著で完成しなかった部分をテイラーさんが補ったという形になり、それはめでたく論文も出ているという状態なんですね。

　だから今回だと望月さんが、最初に自分のホームページに置いたので、ちょっと事情が複雑なんですね。アーカイブに置く

と更新するたびに前の論文が残って履歴がわかるんですが、望月さんの場合は前の論文が残されず、新しいバージョンだけが出ているので、なかなか判断が難しいんです。望月さんの論文はどこかの雑誌に査読後に出ると思うんですが、それがいつごろになるかはまだわからないです。一般の報道としては、まだ確定していないことを報道しないといけないという問題は1つありますね。

あと1つ、abc予想の場合だと、それがなにをいっているか、内容が伝わっていないということがなかなか難しいんです。足し算と掛け算の関係を言っている、それはまちがいないんですが、それだけが独り歩きしていて、実体がなかなか伝わらないというのが問題としてあるのではないかという気がします。

小島 そうですね。ぼくもいくつかの問題を含んでいると思います。

1つには、何が認められたら、その定理が完成するのかという問題です。結局のところ、査読付きのジャーナルに何人かの査読者のOKが出て掲載となる。それでも間違っていることってまれにあるみたいですけど、まあ、それが決着なんだろうと思うんですね。

それとは別に、やっぱりいままで話題になってきた定理が証明できたんじゃないのか、それもおっちょこちょいの素人まがいの人が言うのではなくて、本当に実績のある人が証明した、

ということで信憑性が高いと思われることがあります。専門家が方法を聞くとなるほどという方法論でやったという報道がされたときです。そういうときは、数学というのは数学者だけのものじゃなくてファンがたくさんいるから、お祭りになるんですね。そういう意味で、速報という形でも報道されること自体はいいとぼくは思っています。

　ただ、日本の場合はあまりに記者やジャーナリストが数学や科学の知識に乏しいので、きちんと正確に報道することができないんですね。それで証明を公表した人に迷惑をかけたりしてしまうこともあります。

　今回の abc 予想の解決に対しては朝日新聞出版社の『AERA』が特集したんですが、結局、記者さんが京都大学数理解析研究所に取材を依頼しても、望月さんの話を聞けなかった。森重文所長も、かろうじて一言くらいのコメントをくれた程度で、記者さんが困ってしまったわけです。それで記者さんは、仕方なく、ぼくともう１人の数学ライターの方に取材をして、なんとか工夫して報道した、という状況でした。望月さんご本人がコメントしないのは仕方ないかな、とは思うのですが、もうちょっと誰かスポークスマンが研究所を代表するような正確な情報を提供すべきなんじゃないかなと思います。多かれ少なかれ、税金を使って研究し、社会の期待を担って仕事をしているわけですから、説明責任を果たす担当者がいるのがしかるべきで

しょう。

　証明が正しいと決定してからでいい、完全に終わってからでいいじゃないかっていうのは、それは社会の期待に応えなさすぎじゃないか、と思うんです。というのも、このような画期的な出来事は、みんなで祝うべきだ、と思うからです。

黒川　そうですね。

みんなで盛りあがれる数学

小島　フェルマー予想解決のときは、そういう公開主義のような点が多少はうまく働いた部分もあった、と記憶しています。

　最初にフェルマー予想が**谷山予想**（☞谷山予想42ページ）に帰着されたときは、ドイツの数学者フライが、「そういうことができるんじゃないか」という、ある種の期待というか戦略というか見取り図というか、そういったことを講演した。その時点では、それほど確度の高くない一種の思いつきに過ぎなかった。でも、何人かの数学者には、けっこうな手応えを与えるような戦略だった。そこで数学者のリベットが実際に頑張ってみたら、フライの予想はたしかに合っている、フェルマー予想は谷山予想に帰着できるということがわかった。数学者たちはこれで、「フェルマー予想は間違いなく正しい、それは谷山予想が誤りのはずがないからだ」という手ごたえを持ったわけ

ですよね。たとえば、今はシカゴ大学におられる数学者の加藤和也さんが、『数学セミナー』（日本評論社）のインタビューで、「フェルマー予想は谷山予想に帰着されたので、きっと正しいし、しかも証明の日も遠くないのではないか」と語られていました。この事態の急転換を知ったとき、ぼくを含む多くの数学ファンは自分のことのようにウキウキしたわけですよ。いままでとは違う、うまくいく戦略が見つかったんじゃないか、自分はそれに立ち会っているんじゃないかと。このような幸福感は、フライがまだ未確定なアイデアを発表してくれたから、そして、それをリベットが証明してくれたから、さらにはフェルマー予想が帰着されたことを知ったワイルズが谷山予想こそ証明すべき標的だと判断し、決意を固めたことからくるわけです。だからやっぱり、そういった定理の解決というのは誰か1人の手柄というよりは、数学者たちが総力をあげて、そして社会の応援の中でやっていったらいいんじゃないかなっていう気がするんですね。

黒川 たしかに。

小島 ペレルマンのポアンカレ予想解決のときは、インターネット上に論文が本人によってアップロードされて話題になりました。ぼくもすぐにダウンロードしてみました。もちろん、内容を読解する力はありませんから、ざっと眺めてみただけです。でも読んでみたら、数式がほとんど入ってないような、言

図解 ポアンカレ予想

(1)

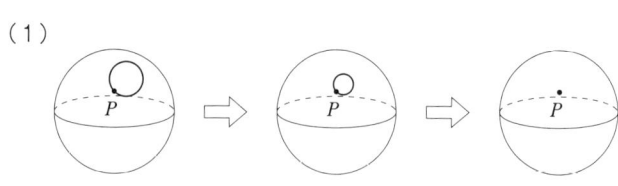

図形の表面上の点 P から出て点 P に戻る表面上の輪をループと呼ぶ。ループをジワジワ縮めていって1点 P にしてしまえるとき、図形を**単連結**という。

図のように球面は単連結。

(2) 2次元図形（3次元図形の表面）が単連結ならば連続変形（ジワジワ変形すること）によって球に変えることは古典的結果。

例

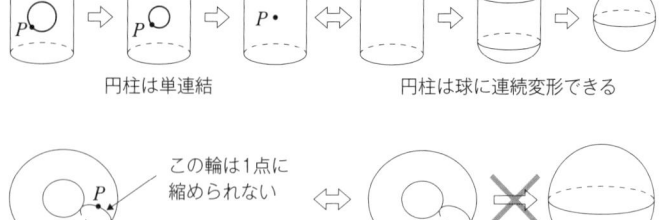

円柱は単連結　　　　　　　　　　円柱は球に連続変形できる

ドーナツは単連結でない　　　　　ドーナツは球に連続変形できない

(3)「3次元図形（4次元図形の表面）が単連結ならば連続変形して3次元球面（4次元球の表面）に変えられる」というのが、（3次元）ポアンカレ予想。ペレルマンによって証明された。

（解説：小島）

葉ばかりで書かれた論文でした。それで、これはちょっとおっちょこちょいの人か、心を病んじゃった人のものかな、みたいにしか思わなかったんです。多くのぼくの友人で、別分野の学者の人とか、数学に強い人たちも同じような印象を抱いたと言っていました。

　一方で、その言葉ばかりで説明されている論文の主張をちゃんと読み解ける人たちもいました。使っている手法が、リッチフローとかいう、物理学的な方法論だったらしく、その考え方を知っている物理系の人たちの中に、その論文のやっていることをネット上で解説してくれるエントリーなどもあがりました。こういうのが、ネット時代の新しい様相ですね。このエントリーを読んだときは、この論文はひょっとしてひょっとするのか、とぼくも印象が少し変わりました。

　そして、専門家はやはり、このペレルマンのネット上の論文を放ってはおかなかった。ペレルマン自身が高い業績を持った人だったので、これは本当に解けたのかもしれない、ということになった。それで、ペレルマンを正式に呼びだして、証明の書かれていない部分をヒヤリングして、ちゃんと数式として詰めていったわけです。

　そういう意味では、社会の中でこのプロセスをリアルタイムで楽しんだ人たちも多くいるし、これは合っているに違いない、と手ごたえを感じた専門家が動いたことも大きかった。この顛

末を振り返ると、今や、査読付き学術誌に論文を投稿するだけが唯一の予想解決の道ではなく、インターネット上に論文などをあげるというのも新しい手法なのではないでしょうか。査読システムだと、他分野の人が関わるということが少なくなるでしょうが、ネットで公開されれば、物理など別分野の人も、その論文について議論に加わることもできます。

　新しい時代が到来した、ということです。望月先生のabc予想解決論文のアップロードについてもそういう意味ではアリなんじゃないかと思うんですね。

黒川　そうですね。望月さんの場合で言うと、過去の論文は全部彼のホームページにあがっているので、いろいろなことを確認することはできるんです。2012年8月30日にネットにあげて、9月の前半くらいには問題があることがわかってきたんです。abc予想というのはある種の不等式なんですが、望月さんの証明ではちょっと強い不等式を証明している、それには反例があるということを2人くらいの人が言っています。それを望月さんも受け入れて、10月14日にたしかに間違っていると。だから近いうちに修正するというコメントを出したんです。そのあと、徐々に修正して去年のうちに数回、今年になって数回修正して、いまに至っているという状況です。ですからちょっと前の、数学をどこかに投稿してその結果どうなるかというのと違う感じはします。ただ、ペレルマンのときのようにアーカ

イブに置いてあれば、修正の履歴や昔の版も残っていて議論しやすいのに、と思います。500ページを超す長大な論文なので、第何版について議論しているのか確定させないと収束しません。

小島 そうですね。世界のどこかにいる、それを理解できる人たちが総力をあげてコメントを出してくれれば、それは1つの力になるわけですね。それは新しい時代だなと思いますね。ただ、ペレルマンのときは、ペレルマンのアイデアを自分なりの努力で完成した別の国の人が、完全証明だとして投稿してしまって、自分のほうが先だと主張してしまうという出来事も起こりました。剽窃(ひょうせつ)などの問題も無視できないと思います。

黒川 そうですね。ガウスはたぶん自分で考えていて出さなかったひとですね。だからアーベルが論文を書いたときに、ガウスは自分の計画の三分の一くらいをやってくれて楽になった、と評価しているのかいないのかわからないようなコメントを出しました。それに、昔だと自分の日記を書いていたのが、今だとブログに書いていますね。そうみると世の中もだいぶ変わってきているんですね。ある意味、並行しているのでしょう。

望月さんの場合は、だいたい現状をかなりフランクに出すやり方です。望月さんの論文が読みにくいというのは、逆に望月さんの立場になって考えてみると、2000年ごろからずっとどのようなことが必要になるかについてくどいほど言っているこ

となんですね。**$\mathbb{F}_1$ 上の幾何**が必要だと。その説明はいやになるほど、本人としては言ってあったので、もうやらなくていいだろうと思っている。今回のタイヒミュラー理論だと、なぜ $\mathbb{F}_1$ 幾何が必要かという説明がほとんどないです。最終解決の場面だけを切り出しているので、モチベーションをつかみにくいんですね。なぜ500ページもかかるのか、と。2000年くらいからの論文、講義録を読むと、昔のは非常に率直に $\mathbb{F}_1$ 上の幾何が必要な理由がいろいろ書いてあって、たぶんいろいろ模索したんですね。実際、ぼくも本を書くまでは調べたことはなかったんですが。本を書くために、本格的に調べてみました。

小島 望月論文のタイトルにあるタイヒミュラーというのは人の名前なんですか？

黒川 そうですね。ドイツ人です。タイヒミュラーというのは関数論、古典的には複素関数論（☞ **図解** 複素数の関数52ページ）でけっこう出てきます。リーマン面のモジュライ空間、タイヒミュラー空間が出てきます。数論だと、p 進数（素数 p とすると、$t = a_0 + a_1 p + a_2 p^2 + a_3 p^3 + \cdots$ のように有理数にならないようなべき級数も数と考えたもの）を研究するときにタイヒミュラーリフティングというのがあって、それでも出てきます。望月さんも論文で注意しているんですが、彼が言うタイヒミュラーは2通り指していて、漠然と指しているのです。タイヒミュラーが2つ考えたんだけど、それを同時に取り込むということ

ですね。

小島 2つの理論に通底している何かがあると感じられて、合体するということでしょうか？

黒川 そうですね。

小島 なるほど、わかりました。

図解で磨こう! 数学センス　ステップ２ **オイラーの五角数定理**

1 五角数とは

図のように k 重の五角形を作るのに必要な点の個数が k 番目の**五角数**。

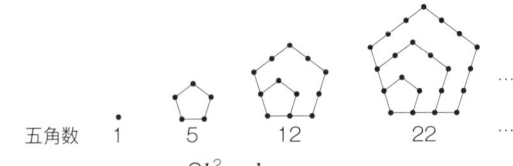

五角数　1　5　12　22　…

$$[k\text{番目の}5\text{角数}] = \frac{3k^2 - k}{2}$$

が成り立つ。k に負の整数も許すと次の表が得られる。

k	…	-4	-3	-2	-1	0	1	2	3	4	5	…
$\frac{3k^2-k}{2}$	…	26	15	7	2	0	1	5	12	22	35	…
$(-1)^k$	…	+1	-1	+1	-1	+1	-1	+1	-1	+1	-1	…

2 オイラーの五角数定理

オイラーは1750年に次の等式を得た。

$$(1-q)(1-q^2)(1-q^3)(1-q^4)\cdots = q^0 - q^1 - q^2 + q^5 + q^7 - q^{12} - q^{15}\cdots$$

右辺の指数には、上の表の2段目の数(五角数)が、符号には上の表の3段目が現れている。

左辺は右のように通常の掛け算で計算する。

$$
\begin{array}{r}
\boxed{1-q}\phantom{{}^2} \\
\times)\boxed{1-q^2} \\ \hline
1-q\phantom{{}^2+q^3} \\
-q^2+q^3 \\ \hline
1-q-q^2+q^3 \\
\times)1-q^3 \\ \hline
1-q-q^2+q^3\phantom{{}^3+q^4+q^5-q^6} \\
-q^3+q^4+q^5-q^6 \\ \hline
1-q-q^2\phantom{{}^3}+q^4+q^5-q^6 \\
\times)\boxed{1-q^4} \\ \hline
\underbrace{1-q-q^2}\phantom{{}^3}+q^4+q^5-q^6\phantom{{}^{-q^4+q^5+q^6-q^8-q^9+q^{10}}} \\
-q^4+q^5+q^6-q^8-q^9+q^{10}
\end{array}
$$

ここまでは確定する

(解説:小島)

未解決問題はどうやって
解決されていくべきか

第3章

賞なんていらない⁉

小島 技術評論社からの『リーマン予想の探求』で、黒川先生は数学の現在の在り方について批判的なこと、言い方を変えると、叱咤激励的なことをおっしゃっています。それは数学の問題を作る人、予想を作る人が評価されなくて、それでそういう人が少なくなってしまった。逆に、古典的な問題を解いたことが評価されるという風潮はどうなのかということをおっしゃっています。

これは、数学者の友人から聞いた話ですが、フィールズ賞の方向性について少し批判的な声もあるようです。今回はこのジャンル、次はあのジャンルと、各分野で持ち回りをしているみたいだ、と。フィールズ賞というのが必ずしも数学の生命力や成長力を引き出しているとは評価できない現状ではないか、というのです。その辺、先生のお考えはどうですか？

黒川 数学の評価として何か問題を解くとわかりやすいというのはあります。新しい理論を作るというのは、数学として非常にいいことなんだけど、それをどう評価するかというのはかなり難しいことが多いですね。たとえば、グロタンディークはフィールズ賞をもらっているんですが、スキーム理論という新しい数学を作ったので、受賞しているという珍しいケースですね。もしかしたら関数解析の核型理論とかで懸案だった問題を

解いたのもあるかもしれませんが。でもグロタンディーク以外は、だいたい問題を解いたという人が多いと思うんです。セルバーグも大数学者ですが、フィールズ賞をもらっていて、フィールズ賞でも初期ですね。その理由は、素数定理の初等的証明。セルバーグはゼータ関数論（☞ 図解 セルバーグゼータ79ページ）の大家ですが、それ以前もリーマンゼータの零点（☞ 図解 リーマンゼータ63ページ）の大きな仕事をしています。素数定理の初等的証明というのは、簡単にいうと、ゼータ関数を使わないで素数定理を証明する。評価というと、いまだと教科書に載るか載らないかもしれませんが、当時は一定の評価を得ていたみたいですね。証明は不等式をたくさん集めてできる。ただ、見通しは非常に悪いです。それは、今となってはフィールズ賞に価するのかわからないです。そのときはエルデッシュと独立だったのかな、その問題もあるんですね。セルバーグとエルデッシュどっちが先かといった問題もありました。

　今は問題を解いた人にくれていることはたしかだと思います。ぼくの望みとしては、グロタンディークみたいな理論にフィールズ賞をくれる時代になって来ればいいと思います。ラングランズ予想のような壮大な予想を立てたらフィールズ賞をあげてもいいと思うんですが、実際はラングランズ予想を部分的に解くとフィールズ賞をもらえています。ドリンフェルトとかラフォルグとか関数体版のラングランズ予想の証明で受賞し

ています。いい枠組みには予想も入るんですが、新しい理論を構築した人とか、そういう人にくれるというのは本当はいいことだと思うんですね。

今、望月さんの場合でいうと、彼は問題は解いているはずなんで（正しいとすると）。ただ、彼の場合は、新しい理論を構築する、新しい言語を開発するということに関して関心が強いんじゃないかという気がするんです。だから今回の四部作も abc 予想に直接使わない、inter-universal の本体も多そうです。それの応用は将来にあるんじゃないか、今回はフルには使っていないんでしょう。そういう意味では、望月さんは、問題を解くのも好きかもしれないですが、それよりも新しい言語を開発するほうが好きというタイプの人のような気がします。

予想解決の先を見る

小島 望月さんの理論は F_1 理論を基礎にしているけれども、F_1 理論を基礎にしている理論の中で新しい枠組みということなんですか？

黒川 そうですね。通常の F_1 スキームとはまた違う感じの理論だと思います。

小島 望月さんは数学に閉じて abc 予想を解決しようとしていたわけではなくて、その先、物理系を解決しようとしていたの

ですか？

黒川 inter-universal でいう universal というのは、集合全体のことなんですね。Universe という空間概念があり、それをたくさん使うというのが inter-universal の起源です。ふつうに日常生活で使う"ユニバース""宇宙"とは関係ないですね。International というのは"国際的"ですが、国の特殊性にとらわれない、どの国でも成り立つ、ということですね。どんな宇宙でも共通して成り立つ、そういう考え方が inter-universal です。別の宇宙に行っても成り立つとか、そういう意味です。

小島 ネットで abc 予想が解けたとニュースになったとき、単純に他の未解決問題まで解けてしまうということで、数学に詳しくない人もすごいことなんだと興味をもって、話題になりました。inter-universal と聞くと、もっと大きな結果だと感じるのですが。

黒川 その点は望月さんはかなり禁欲的というか、あまりいろいろできると言わないんです。ですから、今回の四部作を見ても abc 予想が出るということは書いてあるんだけれども、"いろいろ出る"というようなことはほとんど書いていないんです。しかも abc 予想自体も、そっけなく書いているんです。abc 予想の正確な形を書いていないんです。ですから、ある意味あまりサービス精神がないというか、そういうところはあると思います。

小島 それは報道の仕方にも関係してくることですね？

黒川 ぼくはちょっと不満なのは、たとえば今回の望月さんの件で**フェルマー予想**は解けた、とかフェルマー予想の別証が出たというのはウソなんですね。それはいわゆる abc 予想が解けてもフェルマー予想は解けないんです。

小島 あぁ、$\{\mathrm{rad}(abc)\}^2$ を上限とする不等式のほうのバージョンではないんですね？

黒川 それは出ないんです。

小島 $(1+\varepsilon)$ 乗で評価するバージョンのほうしか出ないんですね？

黒川 そうですね。

小島 有限個のほうしか出ないということですか。なるほど。

黒川 しかもその定数倍というところが明確に出ていないので、どこまでの評価が出るかというのもよくわからない。

小島 だとすると、「フェルマー方程式に自然数解を持つ指数があったとしても、せいぜい有限個である」ということが証明できるということで、**フェルマーの最終定理**の完全な別証明ではないと。

黒川 漸近的フェルマーというのか、十分大きいところのべきではフェルマー予想は成り立つと言えるはずです。

小島 abc 予想に関する記事やニュースだけではそこまでわかりませんでした。ぼくも、フェルマーの最終定理やその類似定

abc予想

任意の正の数 ε に対して、ある正の数 $K(\varepsilon)$ が存在して、次が成り立つ：

$a, b, c \in \mathbb{Z}$ を互いに素な整数で

$$a + b = c$$

をみたすものとすると

$\max(|a|, |b|, |c|) < K(\varepsilon) \cdot (\mathrm{rad}(abc))^{1+\varepsilon}$

ただし、$\mathrm{rad}(abc) = \prod_{\substack{p \mid abc \\ p : 素数}} p$

は abc の相異なる素因子の積である。

abc予想のシンプルな例

a, b, c を互いに素な整数で

$$a + b = c$$

を満たすものとすると、

$\max\{|a|, |b|, |c|\} < (\mathrm{rad}(abc))^2$

が成立する。

理がいっぺんに解決したのか、と思っていました。黒川先生のようにその後どうなったか追っている人がコメントしてくれないときっと知らないまま、本当に解けた！と思いこんだままになってしまいそうです。

　abc予想の報道では、フェルマーの最終定理の別証明が得られたとか、あるいはフェルマー予想よりももっと広いクラスの方程式にも解がないことが示せたとか、そういうふうな話題になっています。そこまでいかなくても「十分大きなNについて…」というバージョンでも素敵といえば素敵なんですが…。

　でもそれよりももっと素敵なのは、大きな数学の枠組みが作られて、非常に新奇な空間が作られて、それを使うことでいくつかの未解決問題が解決する。なんていうか、世界の新しい見方が発見されたという感じなのに、そっちのほうはまったく報道されないというのが残念だと思うんですね。

　さきほどお話しましたように、フェルマー予想をワイルズが解決したときも、その歴史的な経緯、つまり、350年の新しい数学概念の積み重ねもすごいし、フライのまったく新しい着想もすごかった。とりわけ、楕円曲線についての数学がいつの間にか進歩していて、ゼータ関数が関わってきていた。そういうワクワクすることが報道されず、350年ぶりに数学の問題が解けたということだけが取り上げられる。やっぱり数学報道、科学報道というのは、単に難しいパズルが解けたというのではな

く、もうちょっとロマンティックな、人間の数学脳がこんなふうに進化しました、みたいに報道されるべきだと思うんです。

黒川 そのとおりです。

小島 でも、残念ながら多くの数学者は、ある意味日常言語に巧みではないので、そういう概念上のことをうまく言葉で伝えることができない。黒川先生はそういう能力にも長けた類まれな方ですが、たいていの数学者はそうではない。きっと望月さんもあまりそういうことが得意ではないのだと思います。そういう意味で、数学と社会の"間"をつなぐ人が必要かなと。

解説 谷山予想

　谷山予想は谷山豊が 1955 年 9 月に日光金谷ホテルにおいて開催された国際整数論シンポジウムの際に発表した予想である。それは、有理数体上の楕円曲線のゼータ関数は適当な保型形式のゼータ関数と一致するだろう、という予想である。

　保型形式のゼータ関数は複素平面全体に解析接続可能なことがわかっているので、谷山予想が成立すれば、『代数多様体のゼータ関数は複素平面全体に解析接続できるであろう』というハッセ予想が楕円曲線という基本的な場合に証明が完成する、ということになる。谷山以前にわかっていたのは、アイヒラーやドイリンクによって特別な楕円曲線のみに知られていたくらいであった。

　谷山予想は、その後、1960 年代に志村やヴェイユによって改良が加えられた。また、1970 年にはラングランズによって『ラングランズ予想（非可換類体論予想、ラングランズプログラム、ラングランズ哲学）』という壮大な予想に拡張されて研究されるようになった。それは、『ガロア表現のゼータ関数と保型表現のゼータ関数は一致する』というものであり、高木貞治が 1920 年に確立した類体論を自然に拡張したものにもなっている。

　幾多の現代数論の研究成果の上で、1995 年のワイルズとテイラーの論文によって、楕円曲線の導手（コンダクター）が平方因子を含まないとき（つまり、導手が相異なる素数の積になっているとき）に谷山予想は証明された。その結果、フェルマー予想の証明が完結したのであった。その時点では、谷山予想は導手についての条件下で解決していたが、2001 年にその条件なしの証明がテイラーたちによってなされて、完全に解決した。

第4章

abc予想、リーマン予想の今

リーマン予想解決の強力助っ人登場？

小島 さて、それでは本題に入りましょう。黒川先生とは2008年頃に雑誌で対談させていただいて、その頃のリーマン予想の展開について教えていただきました。それから4～5年経っているので、今回はその後の展開はどうなったかということと、現状どんなふうかということをお伺いしたい。

さらには、さきほどから話題のabc予想についても、abc予想とはどんなもので、abc予想の望月さんの証明の正しさはどうなのかもお伺いしたいです。

黒川 2008年の対談のときは、2009年がリーマン予想150周年なので、それを目標にして話していたと思うんです。そのときは、2009年2月か3月にも話して、それで2009年秋に150周年、その後3～4年経ったんですが、リーマン予想は未解決です。進歩はいろいろなところ、リーマン予想関連でもあったのです。今回とくにF_1上の話として絶対空間やF_1スキームの話というのがリーマン予想の関連で進歩がありましたし、abc予想関連でもまた進歩があったということで、この2つについてまず簡単に話したいと思います。

リーマン予想でいいますと、20世紀には環のスキームを使って、つまり**ℤスキーム**（☞ 図解 スペックゼット71ページ）を使ってリーマン予想を解こうとしたんですけど成功しなかった。

ちょうど世紀が変わる頃、1990 年代の後半から、$\mathbb{F}_1$ **スキーム**というのが出てきました。それを使って、リーマン予想を解こうとなりました。非常に簡単に言いますと、$\mathbb{F}_1$ というのは、1 と 0 だけからなる代数系です。掛け算だけが入っています。1 × 1 = 1、1 × 0 = 0、0 × 1 = 0、0 × 0 = 0 という、それだけ考えると非常に簡単な代数系です。環の中にはいつも 1 と 0 がありますので、$\mathbb{F}_1$ はそこに入ってしまう。すべての環は $\mathbb{F}_1$ を含んでいるのです。いままでの環の上のふつうのスキームは全部 $\mathbb{F}_1$ スキームとみなせるわけです。ふつうのスキームのゼータ関数が"リーマン予想を満たす"というのが、ふつうのリーマン予想の定式化なんです。それを徹底すると"**$\mathbb{F}_1$ スキームのゼータ関数はリーマン予想を満たす**"ということを証明しようというのが戦略なわけです。だから問題は広がっているわけですね。広がっているんだけど、いろんな兆候があって、実際 $\mathbb{F}_1$ スキームでリーマン予想を満たすものはだんだん増えています。まだリーマンゼータは取り込めないんだけれども、見込みは十分あるという状態なんです。

　もう 1 つ、リーマン予想のほうからすると心強いのは、$\mathbb{F}_1$ が最近の abc 予想の証明で表れたことです。abc 予想については、望月さんがだいたい 10 年くらい前から $\mathbb{F}_1$ スキームを使って、abc 予想を解こうとしていたんです。ただ、望月さんの言語っていうのは非常に独特で、フォローしている人がなかなか

いなかったというのが実状ですね。去年の8月30日に、四部作、宇宙際タイヒミューラー理論パート1からパート4まで、あのときは全部あわせると512ページだったんですけど、それをホームページに突然置いて大騒ぎになったわけです。その四部作の前には1000ページ分におよぶ関連する彼の研究があります。それを解読して、やっとabc予想の本体にたどり着くという感じで、まだ望月さん以外は、3割くらいまで行ったひとが数人いるかいないかくらいだと思うんです。なかなかたいへんです。

ただ、アイディアは簡単で、$\mathbb{F}_1$上で数論をやればいいという方針なわけです。それは10年前から望月さんが言っているんですが、とくにいろんなところの集中講義とかでは、$\mathbb{Z}$スキーム上ではできない、$\mathbb{F}_1$上のスキームの話をしないといけないというのは前から強調していたわけです。ただ、やっぱり人間というのは、本体が論文として出ないとなかなかまじめに考えないというのがあって、望月さん以外はあまりまじめに取り合っていなかったというところがあると思います。だからabc予想のほうは、ある意味望月さん1人がやっているということで、中身の難しさと同時に、伝達する難しさがいろんな面であるんですね。望月さんのabc予想関連は数学の中身でもあるし、一般向けの伝達の難しさもあるというのが現状ではないかと思います。

数学者は孤独？

小島 F_1 理論とか、abc 予想についてもうしばらく、研究の現状について黒川先生からお聞きしたいと思います。

望月さんの abc 予想の証明なんですが、いま 1 人で進められているという話でした。一般にはごく少数で、あるいはお弟子さんと 2 人とかそういうことが多いと思うんですが、望月先生は本当に単独で研究されていらっしゃるんでしょうか？

黒川 そうですね、望月さんの論文は基本的に単著なんです。言葉も自分で作られたので、だれか他の人のできている理論を使うということはほとんどないのです。私の昔の学生の星裕一郎くんが 1 人だけ望月先生の弟子となっているのでしょう。私のところから京大に行ったんです。彼は望月さんと共著も書いています。6 月にわかりやすい集中講義を星くんが東工大でやりました。望月さんも東大で 6 月 13 日に講義されました。

また山下剛くんというトヨタの研究所の人が現在、望月さんのところで特訓を受けているそうです。星くんも山下くんも 30 代前半です。望月さんも正確に人に伝わっていないということがだんだんわかってきて、通訳者を養成する必要性に気づいたのだそうです。山下くんがどうもいろいろやる気になっているそうです。トヨタの研究所は愛知県名古屋周辺ですが、毎日のように特訓を受けているそうです。この前聞いた話だと、

山下くんはabc予想の本体の前の準備論文は全部クリアして、最近本体に入ってきたとか。

小島 最初はお1人で研究されていたけれど、最近では、その教えを受けたり、一緒に検証をされたりしている若い研究者が出てきた、ということですね。

黒川 望月先生の論文の今年に入ってからの修正版のacknowledgementでは、加藤文元さんと玉川安騎男さんの2人は前から書いてあったのですが、山下剛くんに感謝するというフレーズがよく出てきています。meticulous readingとあって、非常に細かいところまで読んでくれているということですね。いよいよ本体も勉強しはじめてここがおかしいとかいうことを言っているんじゃないかと思います。山下くんは「Q and A」も望月さんの証明について書いています。望月さんのところで修行しないとなかなか難しいようですが、状況は徐々に改善されてきていると思います。

　個人的なことを言いますと、ぼくは信用しているんです。

小島 証明は合っていると？

黒川 えー、そうです。合っていると。F_1スキームやF_1上の幾何を使って、ある意味で最初の成功例になると思います。

小島 F_1理論が多くの数学者によく知られ、解決が望まれている予想の解決に直接役立った、ということは、F_1理論が数学の中で市民権を得る大事なステップになりますね！

黒川 もちろん、リーマン予想の関係で"$\mathbb{F}_1$上の"理論を構成して使うというのはあるんですが、そちらはまだ、本体のリーマン予想を証明したわけではないので。その意味では、abc予想を$\mathbb{F}_1$を使って攻略したということで、最初の成功例になると思いますよね。

小島 ある意味、グロタンディークが1人でスキーム理論を構築していった、みたいな感じで黙々と1人でたくさんの研究を積み上げているということでしょうか？

黒川 グロタンディークのときは、SGA（代数幾何セミナー）やEGA（代数幾何原論）では聞き手がいたんですね。EGAはジャン・デュドネ（フランスの数学者）と書いていて共著になっています。SGAは、グロタンディークの講義が元になっているようですが、本人が書きあげたのはほとんどなくて、ドリーニュやヴェルディエといった人たちが書いているんですね。

小島 そうすると、書くと同時に正しさの検証もなされていっていたということ？

黒川 そうですね。むしろグロタンディークが言いっぱなしなところがあって、それを埋めるのにけっこう大変だったところがあるんじゃないでしょうか。だから、のちのちグロタンディークが数学を止めてしまったときに、いろいろいさかいが起きたわけですよね。それは自分の「スタンダード予想」を定式化して、それからヴェイユ予想が出ることをいったんですが、スタ

ンダード予想はだれも解いてくれないんですよね。ホッジ予想も入ってしまうほどに強力なんです。それで、ドリーニュがヴェイユ予想を解いたと聞いたときによく聞いてみたら、ヴェイユ予想しか解いていない。グロタンディーク自身はドリーニュがスタンダード予想を解いたと思ったらそうではなかったのでがっかりしたと。それがいさかいの初めなんです。グロタンディークからするとそうなるんですけど、いったことを後からちゃんと証明する立場からすると、やっぱり大変みたいです。

　望月さんは集中講義はいろんなところでしているけれども、グロタンディークの講義風というよりは、できたこと、書きあげたことを講義しています。もちろん計画の部分で後の段階ではちゃんと証明できるということにある程度は触れることはありますが、グロタンディークの場合とは少し違うみたいです。

リーマン予想の今

小島　それでは、リーマン予想の現状についてお話いただきます。前の対談 2010 年前後にはコンヌがすごく進めていらっしゃって、かなりにじり寄っていったとおっしゃっていたんですが、その後、少しずつ結果が出てきたということでしょうか？

黒川　そうですね。マニンさんが 1995 年頃に最初に展望を整理しました。その後ですが、コンヌさんの共同研究者にコンサ

ニさんがいて、その2人がたくさん論文を書いていて、いいことをやっているという感じです。中心になるのは、$\mathbb{F}_1$スキームのゼータ関数をちゃんと計算する、その中にリーマンゼータなんかが含まれることを示すという方針です。だから$\mathbb{F}_1$スキームのゼータ関数を計算して、それがリーマン予想を満たすことを示し、同時に$\mathbb{F}_1$スキームの中に通常の数論的なゼータ関数が入っていると言いたい。この辺はテクニカルなのであと（☞第8章）にまわしますが、かなり前進している気がします。

小島 そうすると、abc予想はひょっとするとうまくいっている可能性が高く、そうだとすると、リーマン予想のほうも、$\mathbb{F}_1$の技法で解決に近づくという手応えをもってらっしゃるということですね。

黒川 それはだいぶ励みになるでしょうね。21世紀になって、最初の成功例という感じがします。20世紀と違うのは、$\mathbb{F}_1$を使って大問題が解けるという前触れというか、それがこれから増えてくるんじゃないかという期待がありますね。

なお、望月さんはabc予想の論文の今年になってからの改訂版で、リーマン予想についてのコメントを追加しています。現在のabc予想を中心としたテーマでは、「宇宙際テータ関数」を研究したのですが、この先に「宇宙際メリン変換」を研究することによってリーマン予想に近づけるのでは、というものです。ますます興味深いことになってきました。

図解で磨こう！数学センス　ステップ３　複素数の関数

1　複素数とは

２乗して（−１）になる数（の１つ）→虚数単位$\sqrt{-1}$→i

（実数）＋（実数）iの形の数の集まり→複素数 C

複素数 C の数たちを平面上の並べたもの→**複素平面**（右図）

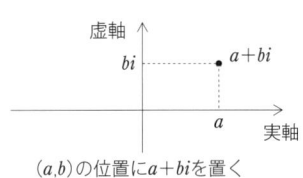

(a,b)の位置に$a+bi$を置く

2　複素関数

複素数zをインプットすると、複素数ωがアウトプットする関数を**複素関数**という。

複素数　複素数
$\omega = f(z)$

$\omega = z^4 - 1$ や $\omega = e^z$ や $\omega = \dfrac{1}{z-1}$ は複素関数。

$$\omega = f(z) = a_0 + a_1(z-z_0) + a_2(z-z_0)^2 + a_3(z-z_0)^3 + \cdots \quad ①$$

というタイプの複素関数（$z_0, a_0, a_1, a_2,$ …は複素数の定数）を**正則関数**という。

正則関数は無限回微分できる。ただし、$f(z)$が意味を持つ（収束する）領域が限られる場合がある（**収束域**）。

たとえば、

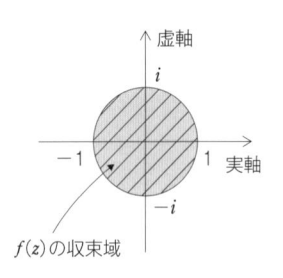

$$f(z) = 1 + z + z^2 + z^3 + \cdots$$

の収束値は［原点を中心とし、半径１の円の内側］

3　限られた領域の関数をどんどん広げていく解析接続

①式の複素関数$f(z)$の収束域が限られていても、z_0の場所を変えることで領域を広げることができる。たとえば、

$$f_1(z) = 1 + z + z^2 + z^3 + \cdots$$

は①で $z_0 = 0, a_0 = a_1 = \cdots = 1$ としたもので、収束域は円 D_1 の内側。しかし、$z_0 = -1$ として

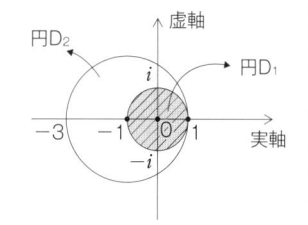

$$f_2(z) = \frac{1}{2} + \frac{1}{4}(z+1) + \frac{1}{8}(z+1)^2 + \frac{1}{16}(z+1)^3 + \cdots$$

を作ると収束域は円 D_2 の内側となり、その上、円 D_1 の内側では、$f_1(z) = f_2(z)$、つまり２つの関数は一致する。

このように f_2 は f_1 を広げた関数とみなすことができ、f_1 の**解析接続**と呼ぶ。

実は、$f_1(z)$ は複素平面全体に解析接続することができる。それは

$$f(z) = \frac{1}{1-z}$$

である。この場合は、f_1 の解析接続は f という簡単な式で書けるが、一般には１つの簡単な式では書けない。

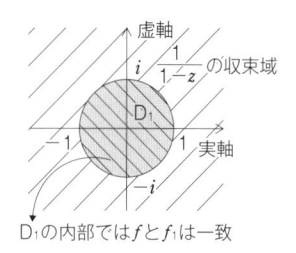

4 複素関数の零点

複素関数 $f(z)$ に対し $f(z) = 0$ となる z を $f(z)$ の零点という。$f(z)$ が n 次の多項式の場合（重複も含めて）n 個の零点があることが証明されている（代数学の基本定理）。

たとえば、$f(z) = z^4 - 1$ は４つの零点 $+1, -1, +i, -i$ を持っている（図）。$f(z)$ は $(z - 解)$ によって因数分解できる。

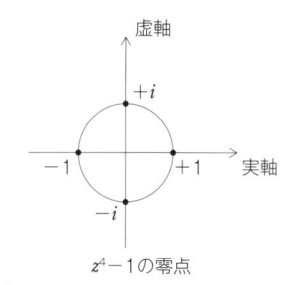

$$z^4 - 1 = (z-1)(z+1)(z-i)(z+i)$$

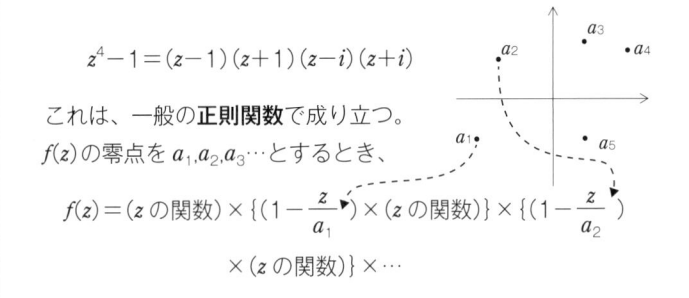

これは、一般の**正則関数**で成り立つ。

$f(z)$ の零点を $a_1, a_2, a_3 \cdots$ とするとき、

$$f(z) = (z\,の関数) \times \{(1 - \frac{z}{a_1}) \times (z\,の関数)\} \times \{(1 - \frac{z}{a_2}) \times (z\,の関数)\} \times \cdots$$

という形で因数分解できる（**零点に関する積**）。

5 複素関数の極

$$f(z) = \frac{1}{z-1}$$

は $z=1$ で値が $\pm\infty$ になるので $z=1$ は
1位の極という。

$$f(z) = \frac{1}{(z-1)^2}$$

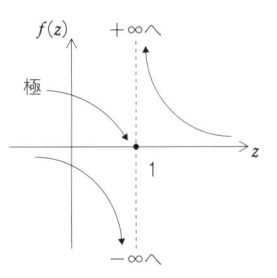

のような場合は、$z=1$ は **2位の極**という。

（解説：小島）

第5章

abc予想の攻略方法は
フェルマー予想と同じだった！

abc予想とフェルマー予想

黒川 フェルマー予想を想いおこしましょう。フェルマー予想の研究では、フライさんが言いだすまではいわゆる代数的整数論というやり方で解こうとしていました。ある程度までいったところもありますし、あまり進まなかったところもあります。でも、そのままだとなかなか解決できないというところに、1980年代にはきていました。そこにフライさんの楕円曲線を使うという新しい考え方が1985年頃に出てきて、谷山予想に帰着するということがわかり、そしてたぶん解けるだろうと思ったんですね。

谷山予想が間違いないということは、だいたいみなさん了解しているので、フェルマー予想も間違いないと基本的には納得したんだと思います。ただ、谷山予想を解こうという人はワイルズさんしかいなかったというのが現実でした。そのころはワイルズさんも谷山予想を解いていることは人には言えなくて7年くらい屋根裏部屋にこもって暗い生活をしていたんです。

フェルマー予想の方程式 $a^p + b^p = c^p$ があって、楕円曲線 $y^2 = x(x - a^p)(x + b^p)$ を作る。それがいい性質を持たないことを証明できれば、そういう3組 (a,b,c) が存在しないということがわかる。今回も、望月さんの基本的な方針は、それと同じなんです。

小島 あ、望月さんの方針も同じなんですか！

黒川 ええ。それは伝わっていないですね。非常にまずいと思って、実は『ABC予想入門』（黒川信重・小山信也著，PHPサイエンスワールド）はそこだけ強調しているんです。

小島 要するにabc予想の不等式を満たさないa,b,cがあると矛盾が起こるということ??

黒川 フェルマー予想のときは、よく出てくる先ほどの**楕円曲線**を作るというわけですね。これは存在しないということが証明できます。だから、解がないというのをやったわけですね。それで、今回はまったく同じで、$a + b = c$ からは $y^2 = x(x - a)(x + b)$ という楕円曲線 $E_{a,b,c}$ を考えたわけです。それは"あまり存在しない"ということを言いたいんですね。ですから、$E_{a,b,c}$ というのは、つながっている全体を、モジュライ空間というんですが、これが大きくないということを示して、そこから**スピロ予想**（☞スピロ予想60ページ）やabc予想が出る。

小島 一言で言えば、abc予想攻略のアイディアは、フェルマー予想に対して使った戦略とほぼ同じってことですね？

黒川 そうです。アイディアは同じです。

小島 フライ曲線（フライが使った楕円曲線）へのワイルズのアプローチだと、abc予想までは出なかったということなんですか？

黒川 ワイルズさんは、pが3以上の素数の場合には解が存在

しないことをいう方法なんですね。フライ曲線がいかに変かということを言っているんですね。ゼータ関数を使うことによって、いかに変なことかがはっきりするのです。abc予想では、$a + b = c$ にさえなればいいので、たくさん存在します。ですからワイルズさんの場合のように存在しないというやり方は無理で、フライ曲線全体を考えて、それがある意味で大きくないという、そうすると制限されるわけです。

小島 それは $\mathbb{F}_1$ 上のスキーム理論じゃないとうまくいかないと。環上のスキーム理論だとうまくいかない？

黒川 そうですね。それが望月さんが10年以上前からやっていることなんです。環上のスキーム理論でやっては評価ができない。

小島 なるほど。逆に言うと、そこで環上のスキームと $\mathbb{F}_1$ 上のスキームとの大きな隔たりがわかるということですね。

黒川 それはそうですね。ワイルズさんのフェルマー予想の証明のほうは、ふつうのスキーム論でできているわけです。そこは大きな違いなんだけど、考え方としては、フェルマー予想のときの考え方を使っているんですよね。だから、本当は、望月さんのいいたいことも非常によくわかるはずなんだけれど、なかなか伝わらない。

小島 そういうことだったのか…。とてもおもしろいです。

abc予想の別バージョン

黒川 abc予想の別バージョンにスピロ予想（☞スピロ予想60ページ）というのがあるんですが、それが解けたんですよね。

楕円曲線の判別式$\triangle$を導手Nの$6+\varepsilon$乗でおさえるというのがスピロ予想なんです。これがabc予想とほぼ同値。判別式っていうのは楕円曲線の方程式で見るとxの3次式の判別式なのですが、これは$(abc)^2$なんです。ここで評価$\triangle < CN^{6+\varepsilon}$が成り立つということを言いたいわけですね。得られる楕円曲線全体の空間というのを考えて、そこで、適当な評価をすればよい。フェルマー予想のときには、それが空集合だということがいえる。abc予想では、フェルマー予想ほど精密なことはいえないので、ちょっと説明も難しくなります。ただ、$a+b=c$なんていくらでもあるということでふつうだと何もいえそうにない感じですので、難しいことは見えると思います。

小島 19世紀より前は、フェルマー方程式の場合は因数分解してできるだけ細かい多項式に分解する、という方法論しかなかった。それでうまくいかないから、代数体の**イデアル**（複素数の部分集合に対して和差積を導入したもの、☞ 図解 極大イデアルと素イデアル105ページ）まで分解してなんとかしようとしたけど、それも行き詰まった。それで、発想を転換して、フェルマー方程式の解を零点にもつ楕円曲線（3次曲線）をつくる

解説 スピロ予想

　スピロ予想は1980年代前半にフランスのスピロが提出した予想である。それは、有理数体上の楕円曲線の判別式が導手の$(6+\varepsilon)$乗で上から抑えられるだろう、という予想である。歴史的には、複素数体係数の関数体上の楕円曲線の場合には、対応する結果が小平邦彦の『楕円曲面論』（1963年に出版）において証明されていた。

　ここで、楕円曲面とは楕円曲線族（パラメーターは関数体で与えられる）を指している。一方、1980年代中頃にはabc予想が定式化された。こちらも、関数体上では難しくなく解決していた。その理由は、微分が使えることである。

　さらに、スピロ予想はabc予想と深く関係していて、ほぼ同等であることも判明した。このような状態で、21世紀を迎えることになる。京都大学数理解析研究所教授の望月新一は21世紀初頭から有理数体上（さらに、一般の代数体上）の楕円曲線のスピロ予想およびabc予想を解決するために、整数に対する絶対微分学を含む、一元体上の絶対数学を構築する研究プログラムを開始した。

　望月教授は、十年余の研究の成果を、昨年、2012年8月30日に500ページ余の論文として自身のホームページに公開した。それは、スピロ予想もabc予想も完全に解決したことを宣言したものであるが、現在までのところ、望月教授の数学言語の独自性と証明の膨大さから、論文が完全に正しいものであるかどうかの検証は終わっていない。

というまったく違う発想を生み出して、そのうえで、幾何学的な分析をしてみようという方針転換をしたということでしたよね。

黒川 はい。

小島 フェルマー方程式 $a^n + b^n = c^n$ でなく、$a + b = c$ という関係式の場合はこれ以上因数分解できないし、イデアルも作れない。でも、楕円曲線の零点に解を据えるというフライの戦略が編み出されたのでこういうことが可能になった、ということですね？

黒川 そうですね。だから、路線としてはフェルマー予想の証明の路線なんですよね。ちょっと変形版になっていますが証明の方法は同じなんです。だからフェルマー予想の別証が得られたというよりはむしろフェルマー予想の一般化が得られたというほうが近いですね。

小島 あぁ、なるほど、フェルマー予想に関する数学がより一般的な関係式にも拡張された感じということか。

黒川 一般化なんだけど、"ない"というようなことはいえないので、"そんなにない"とかそういう感じですね。

小島 ある束縛条件を持った曲線のクラスみたいのを考えて、それはどういう性質を持っているかということなんですよね。フェルマーの場合はその曲線のクラスは空集合だと証明する。一方、abc予想の場合はそのクラスはとても小さいということ

につなげるわけですね。

黒川　あとで絶対空間について触れますが、数学で「**空間**」というとき、与えられたものというよりは、「何かの条件を満たすもの全体」というものを「空間」、というんです。ある条件を満たすもの全体を考える。数学の特徴というのは"何かの全体"を考えるというところにあります。なんとか全体を考えると、どういう様子かわかってくる。たとえば線形代数は、解空間の問題ですね。解があるかどうかまだわからないうちに、解の全体を考える。奇妙なことに、解があるかないかわからないときに、解の全体を考えることによってもちろん、解がないときは空集合なんだけど、あるときは何次元の空間が出てくるとかわかってきちゃうわけですね。モジュライ空間というのは、こういうもの全体を考えるという意味で典型的な空間なのです。

図解で磨こう! 数学センス ステップ4 リーマンゼータ

1 リーマンゼータ関数

リーマンは1859年に**ゼータ関数**を定義した。

$$\zeta(s) = \frac{1}{1^s} + \frac{1}{2^s} + \frac{1}{3^s} + \cdots \quad ①$$

ここで、s は複素数 C の数であるが、見た目どおりの無限和の場合に対しては (s の実数部分)>1 でしか収束しない。

しかし、リーマンは、**解析接続**によって C 全体で定義された $\zeta(s)$ で、(s の実数部分)>1 では①の値と一致する複素関数が存在することを証明した。

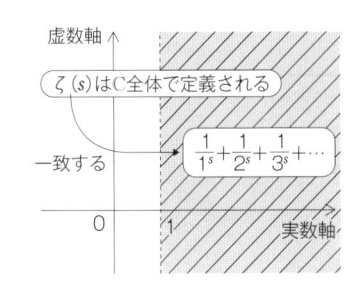

したがって、s が負の整数のときも

$$\frac{1}{x^{-1}} = x, \quad \frac{1}{x^{-2}} = x^2, \quad \cdots \quad \text{から形式的に}$$

$$\zeta(-1) = 1 + 1 + 1 + \cdots = -\frac{1}{12}$$

$$\zeta(-2) = 1^2 + 2^2 + 3^2 + \cdots = 0$$

$$\zeta(-3) = 1^3 + 2^3 + 3^3 + \cdots = \frac{1}{120}$$

と記されることがある。また、$\zeta(s)$ の値が $\pm\infty$ となるのは $s=1$ のみで、$s=1$ は1位の極である。

2 リーマンゼータ関数のいろいろな表現

原点を中心として半径1の円を**収束域**とする $f(z) = 1 + z + z^2 + \cdots$

は複素数 C 全体で $\dfrac{1}{1-z}$ に解析接続されるが、$\zeta(s)$ にはこのような C 全体での単純な統一表現はない。

そこで、さまざまな関数をつぎあわせて表現される。

3 ガンマ関数は階乗（n!）の一般化

ガンマ関数 $\Gamma(s)$ は、

$$\Gamma(s) = [x^{s-1}e^{-x} の 0<x の面積]$$
$$\left(= \int_0^\infty x^{s-1}e^{-x}dx\right)$$

で定義される。ガンマ関数は（sの実数部分）＞０なる複素数 s に対して定義されるが、特に自然数 s については

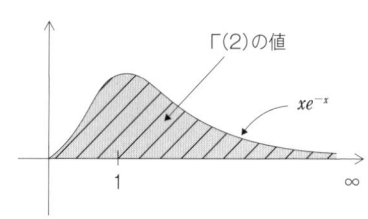

$$\Gamma(s+1) = s\,\Gamma(s)$$

が成り立つので、

$$\Gamma(s+1) = s((s-1)\Gamma(s-1)) = s(s-1)((s-2)\Gamma(s-2))$$
$$\cdots = s(s-1)(s-2)\cdots \times 1 = s!$$

となるので、階乗計算の一般化とみなせる。

4 ガンマ関数とリーマンゼータの深い仲

リーマンゼータ関数 $\zeta(s)$ は

$$\zeta(s) = \frac{\Gamma(1-s)}{2\pi i} \times \left(\frac{(-x)^s}{e^x-1} \text{ のある径路での積分}\right)$$

と表せる。この式なら（sの実数部分）＜１に対して計算できる。

リーマンは、

$$\widehat{\zeta}(s) = \pi^{-\frac{s}{2}} \Gamma\left(\frac{s}{2}\right) \zeta(s)$$

を定義することによって、

$$\widehat{\zeta}(s) = \widehat{\zeta}(1-s)$$

を証明し、**ゼータ関数の対称性**を与えている。

(解説：小島)

図解で磨こう！ 数学センス　ステップ5　リーマン予想

1　$f(z)=z^4-1$ の零点

$$z^4-1=(z^2-1)(z^2+1)=(z-1)(z+1)(z-i)(z+i)$$

だから、**零点**は4個、$1, -1, +i, -i$ である。複素平面に図示すると右のようになる。

2　$g(z)=e^z-1$ の零点

$z=a+bi$ （a, b は実数）のとき

$$e^z=e^{a+bi}=e^a e^{bi}=e^a(\cos b+i\sin b)$$

に注意しよう（オイラーの公式）。
したがって、$e^z=1$ となるには、

$$a=0 \text{ かつ } b=\text{(整数)}\times 2\pi \quad (\pi \text{ は円周率})$$

が必要十分条件。図示すると右のようになる。

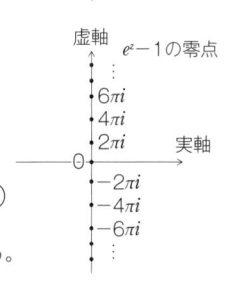

3　リーマンゼータ $\zeta(s)$ の零点

リーマンゼータ関数が負の偶数で0になること、すなわち、

$$\zeta(-2)=0, \zeta(-4)=0, \zeta(-6)=0, \cdots$$

はオイラーも知っていた。リーマンはこれ以外の零点がすべて、（s の実数部分）$=\dfrac{1}{2}$ となることを予想した。これが**リーマン予想**である。

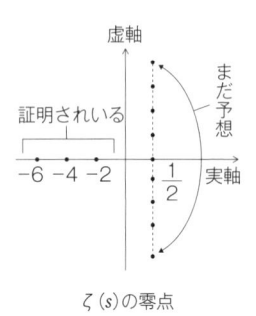

（解説：小島）

数学の厳密さと奔放さ

第6章

自由性あっての数学

小島 少し技術的な話に入ることにしましょう。18 世紀の**オイラー**がやっていたゼータ関数についての研究（☞ 図解 オイラーの発見 16 ページ）が、その後に大きく花開きました。ぼくの印象としてはオイラーというのは、かなり自由自在に数式を扱って、湧き出るアイディアで、少し飛躍があってもいいからいろいろ計算して行って、それで、かなりびっくりするような結果がいっぱい出てきた。

他方、20 世紀の数学というのは、**ブルバキ**の影響があって、ものすごく形式的な、それとヒルベルトの影響かもしれないけれども、すごく形式的に構造主義的にきちんきちんと全部公理的に構築するみたいなことをやっていたと思うんですね。それがグロタンディークのスキーム理論の発想などで合体して花開いて 20 世紀後半に向かっていくのかな、という印象があります。

まとめると、オイラーの自由奔放な、ある意味で矛盾も怖れない大胆な数学と、本当の微かな飛躍も絶対許さないようなブルバキ的、公理論的な数学と、そして現在 21 世紀の数学というのを合わせて考えると、黒川先生はどういう印象、感想をお持ちですか？

黒川 たぶん厳密さと言う意味ではそれほど数学は変わらない

と思うんですが、オイラーがいろんなことを発見して、現代からすると発見的な手法で何か答えを見つけたというのが正しいと思うんです。オイラーの発見したことは100年くらい経つとリーマンあたりが研究するようになって、全部再証明されているんです。複素関数論の解析接続（☞ 図解 複素数の関数52ページ）を使って。だからその意味だとオイラーは先導者みたいな感じで、要するに、ここにこういうことが成り立つということを発見してくれる。極端なことをいえば、オイラーのやっていることはかなりの部分は予想だといってもいいと思うんです。ただ、オイラーはそれなりにいろんな総和法とかの根拠は出しているんですね。正しい道を指し示していたということは間違いないと思います。オイラーがそれをちゃんと証明できたかどうかは、微妙なところです。

　また、ブルバキが厳密にやろうとしたのはたしかなんですけど、たぶん解析系はあまりうまくいっていなかったと思うんですね。代数系は教科書としてたくさん良く書いてあるんだけど。すべての数学分野がブルバキ的にうまくできているとはあまり思えないんです。とくに20世紀終わりくらいからは、数学のいろんな場面で、**無限次元**的なものを使わないといけなくなってきた。前は**有限次元**の範囲でいろいろな問題が解けていたけれども、だんだん無限次元を扱わないといけなくなってきた。もちろん解析だとヒルベルト空間で無限次元はあったんだけ

ど、それはたぶんある意味で扱いやすい無限次元でした。

　いまだとリーマン予想に関連して言うと、$\mathrm{Spec}(\mathbb{Z})$（☞図解スペックゼット 71 ページ）という $\mathbb{Z}$ の**素イデアル**（☞図解極大イデアルと素イデアル 105 ページ）全体、素数全部を並べたものですね。それに 0 も付け加えますが、それが基本的なスキームなんです。それを $\mathrm{Spec}(\mathbb{F}_1)$ 上でみると、無限次元なんです。リーマン予想を解くためには、最終的には無限次元の $\mathbb{F}_1$ スキームの話をしないといけない。20 世紀終わりくらいからいわゆる数理物理ですかね、無限次元な多様体とか、そういうのが使われはじめてきたんですが、それとかなり似たところはあるという気はします。もちろん最終的には厳密にする必要はあるんだけど、オイラーのような自由性もある程度深く関わってきているという感じもします。

小島　最後には厳密にするけれども、それまではある程度奔放にということでしょうか。

黒川　物理的な直感で、いろいろな方程式が成り立つとか、厳密に数学で証明するのは別の人がやる、まだちゃんと証明できていないものも残っているというようなことがあるんじゃないかという気がしますね。

図解 スペックゼット（Spec（$\mathbb{Z}$））

整数の集合 $\mathbb{Z} = \{\cdots, -3, -2, -1, 0, 1, 2, 3, \cdots\}$

$\mathbb{Z}$ のイデアルは必ず、ある n の倍数全体、すなわち

$$I = \{-3n, -2n, -n, 0, n, 2n, 3n, \cdots\}$$

$\mathbb{Z}$ の極大イデアルは素数の倍数、素イデアルは素数の倍数と 0 の倍数（0 だけから成るイデアル）

極大イデアル → (2) = $\{\cdots, -4, -2, 0, 2, 4, \cdots\}$　┐
　　　　　　　(3) = $\{\cdots, -6, -3, 0, 3, 6, \cdots\}$　│素イデアル
　　　　　　　(5) = $\{\cdots, -10, -5, 0, 5, 10, \cdots\}$│
　　　　　└→ ⋮　　　　　　　　　　　　　　　　　　　　┘
　　　　　　　(0) = $\{0\}$

$X =$ Spec（$\mathbb{Z}$）は素イデアルの全体を空間とみなしたもの

```
           ←―――――― 素イデアル ――――――→
Spec(ℤ) ―・――・――・――・――・――・・・―(⦁⦁⦁)―
         (2) (3) (5) (7) (11)      (0)
                                  生成点
         ←―――― 極大イデアル ――――→
```

Spec（$\mathbb{Z}$）上では、整数 1 個を"関数"と見なせる。

例：整数 10 を Spec（$\mathbb{Z}$）上の関数とみなすと

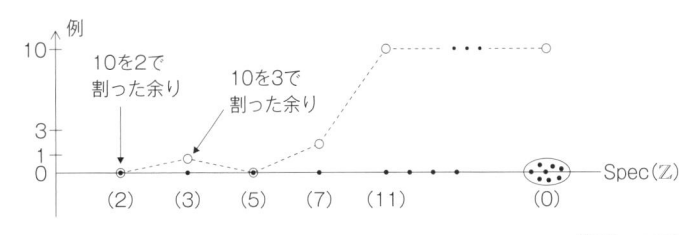

（10を2で割った余り、10を3で割った余り）

(解説：小島)

ゼータ関数は生きている！

小島 それでは、**ゼータ関数**（☞ 図解 リーマンゼータ 63 ページ）の話にもう少し踏み込むことにしましょう。ゼータ関数についてざっくり言うと、古典的な段階とそれを新展開した段階と、そして現在のような、新しい突破口が見つかるか見つからないかという、3つの段階があると思うんですね。古典的な段階というのは、オイラーがゼータ関数を見つけた。次に、リーマンがそれを**解析接続**（☞ 図解 複素数の関数 52 ページ）によって精緻化して、リーマン予想を提出した。そのあと、ハーディなどがリーマン予想にチャレンジして、予想は正しいんじゃないかと思われてきたような段階。こういう古典的な段階があって、そのあとにリーマンゼータを発展させたような新種のゼータが作られはじめた。要するに、自然数の集合でない集合のべき乗の逆数を足す、そういったいろいろなゼータが開発されて、そこでも、リーマン予想の類似みたいなものが成り立つことが次々発見されるというのが新展開の話です。

そして、現在は $\mathbb{F}_1$ 上のゼータ関数の話になると思うんですが、その辺のゼータ関数の研究の変遷についておおざっぱにまとめていただけるとありがたいです。

黒川 いわゆる**リーマンゼータ**ですね。自然数の $-s$ 乗の和という、よく出てくる式ですね。そのあとそれを一般化しようと

したいろいろな試みがあって、ゼータがたくさん出てきたわけです。ただリーマン予想だけに限ると、一般化された素数に関する**オイラー積**（☞図解オイラーの発見16ページ）を持つものだけがたぶんリーマン予想を満たすだろうというのが、20世紀の半ばくらいからの認識です。それで、20世紀後半に合同ゼータのリーマン予想と**セルバーグゼータ**（☞図解セルバーグゼータ79ページ）のリーマン予想というのが完成したんです。それは両方ともオイラー積を持つゼータ関数で、たとえば、一般のスキームの**ハッセ・ゼータ**というのもオイラー積で定義するんです。その場合に、自然数の－s乗の和というものの類似物を定義することはできるんですが、あんまりいい性質を持たないんですね。だから最終的にはオイラー積を持っているものをいろいろ研究することになります。

　フライ曲線のゼータ関数もオイラー積を持っていて、それが解析接続できるかどうかというので、谷山予想が問題として出てくる。解析接続ができるということがわかったので、フェルマー予想が解決するというふうになっているわけです。たぶん、そのようなゼータ関数もリーマン予想を満たすはずなんだけれども、そういうことはほとんど手つかずという状態です。

　$\mathbb{F}_1$上のゼータ関数は、その先にあるので、オイラー積で定義されたゼータ関数をもっと分解したものなんですね。典型的には、たとえば、$\mathbb{F}_1$上で有限次元のスキームのゼータ関数と

いうのは、基本的には、eの肩に乗る部分を別にすると、sという変数の有理関数になってしまうんですね。だから、零点も極のこともわかって、たしかにリーマン予想の類似を満たすということになるわけです。そこの段階がいまの焦点となっているわけです。

$\mathbb{F}_1$スキームのゼータというのをどう構成するかというのは、いまのところ2通りくらい仕方があります。わかりやすいのは、$\mathbb{F}_1$スキームというのがあったとすると、それに$\mathbb{F}_p$っていう係数拡大をすると、$\mathbb{F}_p$上のスキームができる。標数pのスキームの話なので合同ゼータというのができる。その合同ゼータ関数というのを計算して、pが1にいく極限をとる。pというのは素数なので、文字通りにはできないんですけど、少し形式的にpが1にいく極限をとったものを$\mathbb{F}_1$ゼータとする。そうするといろんなことがうまくいく。

ただその場合、pが1にいく極限にいくというところにかなり問題があるので、それを回避する方法をコンヌさんたちがやっていて、うまく取り込むことができるだろうという。それが第2の方法です。それをやると、うまく極限が取れなかった場合も計算ができるようになるという段階ですね。やっぱりリーマン予想の類似が成り立つということがわかっています。

だから最初は無限和を考えていたんですけど、そのうち無限積という積を考えてきて、それをもっと基本的なものに分解す

るということになって、$\mathbb{F}_1$ スキームのゼータ…というふうになっているわけですね。つまり、$\mathbb{F}_1$ スキームのゼータ、$\mathbb{F}_1$ ゼータ関数が、素数全体で作ったゼータ関数というのをもっと素朴なものに分解するということですね。

リーマンゼータのいろいろな表し方

小島 リーマンゼータについて、一番初期の話に戻りますが、リーマンゼータの初等的な本を見ていると、すごく多くの表現方法、式変形があり、いろいろなものが出てきます（☞ 図解 リーマンゼータ63ページ）。Γ関数、これは1からnまで掛けた式である「nの階乗（$n!$）」の一般化ですが、そういうのも出てくるし、もちろん$\sin\theta$、$\cos\theta$まで出てくる、e^zも出てきます。すごくいろいろ出てきて関連しています。その不思議といいますか、なぜそんなにうまいことになっているのか、もちろんオイラー積、素数のある種の掛け算みたいなものに分解するし、そういうのを考えるといわゆる、自然数をべき乗して足していくような代数が、数学全般で扱われる掛け算や足し算の性質をものすごくみごとに取り込んでいるというか、そういった構造をもっているものならば何でも飲み込んでいくような無限計算に感じられるんです。その辺はどうお感じですか？

黒川 リーマンゼータで言うと、最初に自然数に関する和が素

解説 零点に関する積

　多項式を因数分解することは中学校時代から数学の基本になっている。多項式は、複素数まで用いれば、1次式の積に分解する。これは、多項式の根によって1次式に分解しているのである。多項式を一般化して関数を考える際には、「根」は「零点」（値が0になるところ）と呼ぶことになる。任意の関数に広げると、必ずしも零点による1次式への分解は可能ではないが、複素解析関数の場合には、かなり一般な場合に零点による1次式への分解が可能である。その先駆けは、複素解析関数を用いてはいなかったものの、三角関数の無限積分解表示を与えたオイラーの1735年の論文である。

　オイラーは、その結果、平方数の逆数の和が円周率の平方を6で割ったものになる、というゼータ関数論における画期的な発見を成し遂げた。この複素解析関数を零点によって1次式に分解することを精密に実行し、素数分布に応用したのが1859年のリーマンの論文であった。リーマンはリーマンゼータ関数を複素解析関数として複素数全体へと解析接続を与え、零点による1次式への分解を示したのである。その結果、リーマンゼータ関数は2つの無限積分解表示を持つことになった。1つは『零点に関する無限積』であり、もう1つはオイラーによって1737年に発見されていた『素数に関する無限積』（オイラー積）である。この2つの無限積表示を比較することによって、リーマンは素数分布を零点によって正確に表示する『リーマンの素数公式』を得たのである。それはリーマンを零点分布の研究に駆り立て、ついに、リーマン予想の定式化に到達させたのである。

数に関する積になるというのは、自然数が素数のべきの積に一意的に分解するというのをうまく取り込んでいるんですね。だから、ゼータ関数のいろんな表示があるというのは、たとえば、自然数に関する和がこういう表示にもなるというのは各々で何かをいっているんです。

　ただ、ふつうは、解析接続（☞図解複素数の関数52ページ）をするときにいろんな表示を使うので、あんまり認識しない、気にしないんです。リーマンゼータの解析接続がいろんなやり方でできるというのはたしかなんです。10通り以上あるんです。解析接続そのものとしては、どれを使っても値としては同じになるんです。ただ、その値を計算するというときは得手不得手があって、これこれじゃないとできないというのがたくさんあるんですね。このように多面的な側面があるのはたしかなんです。リーマンゼータで言うと、まず自然数に関する和がいちばん素朴にあって、その次に素数に関する積がある。もう1つは零点に関する積というのもあるんです。

小島　解を使って因数分解するやり方（☞図解リーマン素数公式114ページ）ですね。

黒川　ええ。その3つを使って、たとえば、素数に関する積と零点に関する積が同じだということがわかって、素数定理が出てくるわけです。ただ、その3つだけだと、それ以上なかなか進まないんです。零点に関するリーマン予想を証明しようとす

ると、いまのところ素数の話になるしかない、自然数かもしれないですが、その話になるしかないんですね。でも、リーマン予想というのは素数定理の誤差項の話と同値なので、そっちの話になると、誤差項の評価をしないといけないんだけど、もともと誤差項の評価が難しいので、零点の話にしたんです。だからその3つだけだとうまくいかないでしょう。4つ目が F_1 ゼータの面というふうに思えるわけです。

小島 その F_1 理論にいく前に、**セルバーグゼータ**（☞図解セルバーグゼータ 79 ページ）とか**合同ゼータ**とかいろんなゼータがリーマンゼータと似たような計算・性質を維持できるというのは、やっぱりその掛け算を保つとか、何かの掛け算と何かの足し算がいっしょになるといったうまい、ある種の群論的な性質があるから、可能だということですか？

黒川 基本的にセルバーグゼータと合同ゼータの場合は、和の表示というのがあんまりうまくいかないです。むしろ、ある意味で特殊な場合だけ、和の意味づけができて、一般には、オイラー積から出発するしかないのです。オイラー積の話というのは、数論的な対象があったら、素数にあたる概念があればいいわけですね。スキームだと、素数にあたるのは、閉点（閉じている点）というものです。それに関する無限積を作ると、スキームのゼータというのができて、合同ゼータという標数正のスキームに対する場合だとリーマン予想の類似が成り立つという

図解 セルバーグゼータ

M は2つ以上穴のあるドーナツ型。

素測地線（素ひも）は曲面 M 上にピンと張った輪で、何重巻きにはなっていないもの。

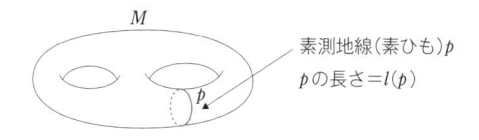

素測地線（素ひも）p
p の長さ＝$l(p)$

M のセルバーグゼータ $\zeta(s,M)$ は以下の無限積で表される。

$$\zeta(s,M)=\left[\frac{1}{1-(e^{l(p)})^{-s}} \text{ のすべての素測地線 } p \text{ にわたる積}\right]$$

① $\zeta(s,M)$ は s に対して複素数全域 $\mathbb{C}$ に解析接続できる。

② $s=0$ に対するある種の対称性 $\zeta(s,M) \leftrightarrow \zeta(-s,M)$ を持つ。
詳しくは

$$\zeta(s,M)\zeta(-s,M)=(2\sin\pi s)^{4-4g} \qquad (g=\text{穴の数})$$

③ 素測地線が"素数"の役割を果たし、素数定理の類似が成り立つ。

④ リーマン予想の類似が成り立つ。すなわち、本質的零点の実部は $\left(-\dfrac{1}{2}\right)$ となる。

（解説：小島）

のがドリーニュの結果です。

あとセルバーグゼータはリーマン多様体の場合に、見た目には素数というのがないんですが、閉測地線（閉じている測地線）というのを素数の類似だと思って閉測地線に関する積を考えるといい性質を持つ（☞ 図解 セルバーグゼータ 79 ページ）。やっぱりリーマン予想の類似までいくというわけです。基本的に両方とも行列式による表示ができるので、リーマン予想が成り立つとわかるわけですね。1915 年にヒルベルトとポリアがもともとのリーマンゼータの場合に、零点をある作用素の固有値という解釈をして、リーマン予想を証明しようと提案をしたんですが、これら新たに現れた 2 種類のゼータの場合には、ちゃんと実現されているわけです。合同ゼータだとフロベニウスの固有値というのが出てきて、セルバーグゼータだとラプラス作用素の固有値というのが出てくる。このように、最終局面ではその 2 つのゼータとも、ある作用素の行列式になっているというのが出て、あとはその作用素の話ですね。つまり、線形代数の話に帰着して、証明されているというプロセスになっています。

小島 素数概念の拡張みたいなものが、ゼータを進化させているということなんですか。

黒川 そうですね。いまのところよくわからないのは、素数概念の多様性です。合同ゼータ、ごく一般的に $\mathbb{Z}$ 上のスキームのゼータ関数というのは、閉点を使ってできる。その特殊な場

合が合同ゼータなんですよね。それで、たとえば$\mathrm{Spec}(\mathbb{Z})$（☞図解スペックゼット 71 ページ）を使うとリーマンゼータになる、そういう数論的なファミリーがある。セルバーグゼータのように、閉測地線という素数の概念には、あるいは基本群のほうでいうと、素な共役類というのが対応するんです。閉測地線というのは基本群のほうで見るとそこのループに対応する基本群の元をもってくることになります。こうして、セルバーグゼータというのは基本群のゼータと思えるんですね。そのほうがむしろ素というのがわかりやすくなっていて、他の共役類のべきになっていないというのを素な共役類というのです。それでオイラー積を作ったのがセルバーグゼータなんです。

　そういう概念が他の新しい族で発見されるとまたおもしろいゼータ関数論ができると思うんです。ただ $\mathbb{F}_1$ スキームのほうはむしろ、それはもう 1 回解体している感じがするんですね。$\mathbb{F}_1$ スキームのゼータ自身はまだ未解決の問題がたくさんあるんですが、オイラー積を一度解体しているところが、$\mathbb{F}_1$ スキームのおもしろいところですね。

図解で磨こう！数学センス　ステップ6　素数定理

1 素数定理

x 以下の素数を表す関数として $\pi(x)$ が用いられる（この場合の π は円周率とは無関係である）。

（素数）
2, 3, 5, 7,	→ 10 以下の素数 $\pi(10)=4$
11, 13, 17, 19	→ 20 以下の素数 $\pi(20)=8$
23, 29	→ 30 以下の素数 $\pi(30)=10$

ガウスは $\pi(x)$ を近似する関数として

$$\pi(x) \sim \frac{x}{\log x}$$

を予想し、さらに精密さのある近似として

$$\pi(x) \sim [\frac{1}{\log t} \text{ の 0 から } x \text{ までの面積}]$$

$$(= \int_0^x \frac{1}{\log t}\, dt)$$

として予想していた。この関数を $Li(x)$ と書く。

これらの近似が正しいことは、アダマールとド・ラ・ヴァレ・プーサンの2人が独立に証明した（1896年）。

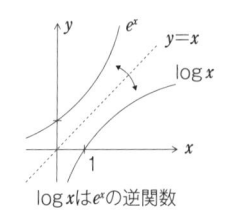

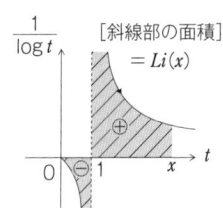

$\log x$ は e^x の逆関数

[斜線部の面積] $= Li(x)$

$Li(x)$ は素数の個数の近似

2 どの程度の近似？

x	$\pi(x)$	$\frac{x}{\log x}$	$Li(x)$
100	25	21.7	29
1000	168	144.8	178
10000	1229	1085.7	1246
100000	9592	8685.9	9630
1000000	78498	72382.4	78628
⋮	⋮	⋮	⋮

（解説：小島）

コンピュータとゼータの間柄

第7章

今までみすごしていたリーマン予想の虚部

小島 F_1 スキームは今までのゼータの流れの中で評価すると、新しい部分、新アイディアな部分をもっている、プラスアルファがあるという感じなんですか？

黒川 そうですね。素数で作ったオイラー積をさらに解体するという感じですね。それで、リーマン予想について話すことにしますと、**深リーマン予想**というのが最近研究されています。リーマン予想というのは零点の話でしたけれども、深リーマン予想というのはオイラー積をそのまま研究するんです。オイラー積、たとえばリーマンゼータのオイラー積とかディリクレ L 関数のオイラー積とか、ふつうは実部が 1 より大きいところでだけ考えます。つまり、絶対収束域でオイラー積を使って、そこでは自然数のべきの無限和にもなっているんですが、絶対収束域以外では、積分表示などで解析接続をするわけです。

さっき小島先生が言われたようにいろいろな表示があるというのもそこで 10 通りくらい出てくるんです。ただ、その深い (Deep) リーマン予想 (DRH) は『リーマン予想の探求』(技術評論社) でも解説しましたが、オイラー積を絶対収束域以外でも直接使う。特に実部が 1/2 以上でオイラー積をそのまま直接使うという考え方なんです。特に実部が 1/2 の上でも意味があるというのが深リーマン予想です。たとえば、s が 1/2 とい

う中心（関数等式（☞図解リーマンゼータ63ページ）の）なんですが、そこでも1/2を放りこんで無限積を作るとちゃんと収束するというのが深リーマン予想です。それが成り立つと、通常のリーマン予想も成り立つということになっています。

小島 リーマン予想がターゲットとしている実部が1/2の場所を直接攻めるのですね？

黒川 しかも、それより強いんです。その1/2を放りこんだとき、リーマンゼータだとちょっと変形しないといけないんですが、ディリクレL関数だとそのまま計算すればいいので、pが10の7乗、8乗くらいまで素数に関する積をいまのPCでやってみると、短時間で計算できて、充分収束しそうなんです。それは、リーマン予想が成り立つということをコンピュータ時代では非常に鮮明に示してくれる。

小島 コンピュータで直接計算できると？

黒川 センターにおけるオイラー積の収束だけを調べるというのは、非常にコンピュータが得意なんです。もともとリーマンゼータでもディリクレL関数でも、零点は無限個あるのですが、それを実際に計算機にかけて計算するということをやっていたんですけど、それはいくらやってもきりがないですよね。それはたぶんあまりいいことじゃなくて、1/2というセンターを決めて、そこでのオイラー積1個だけをやれば収束性が非常にわかりやすくて、たとえば、1に収束するとすれば0.999につい

ては9が続くことに非常に説得力が出てくるわけですね。ここ2年くらいはぼくのところで非常に精力的に若手も計算をしたりしていてかなりデータが集まってきています。その事実は間違いないんだけれども、どうやって証明するかというところです。

小島 もう手ごたえとしては、正しいことは間違いないと？

黒川 そうですね。ちょっと奇妙なことは、バーチ・スウィンナートン＝ダイアー予想というのがあって、楕円曲線、特にフライ曲線などなんでもいいですが、関数等式の中心での値がどうなるか、ということが問題となっています。そこで零点がどれくらいの位数になるか。そのモーデル・ヴェイユ群の階数（ランク）に、零点の位数が一致しているというのがバーチ・スウィンナートン＝ダイアー予想なんです。歴史上ちゃんと調べてみると、バーチとスウィンナートン＝ダイアーは1958年頃から計算しはじめたんですね。EDSAC（エドサック）というコンピュータがイギリスで開発されて、非常に初期のコンピュータです。それを長い時間使って1960年代前半くらいまで計算させていた。それは楕円曲線のオイラー積で言うと、中心でのオイラー積をずっと計算していたんです。その頃はまだ谷山予想も証明できてなくて、解析接続ができなかったので、その計算に意味があるのかどうかよくわからなかったんですね。だから、なんかのデータは出たんだけれども、バーチ・スウィンナート

ン＝ダイアー 2 人の 1965 年のクレレ誌の有名な論文では、もちろんそれをやったということは書いているんですが、むしろそういうオイラー積の計算よりは L 関数が解析接続できたとして、そうするとセンターでの零点の位数がモーデル・ヴェイユ群の階数を反映するだろうと書き変えたんですね。だから、もともと DRH を楕円曲線のゼータ曲線で考えていたと捉えるほうが正しいんです。ただ、彼らはそれがセンターで収束したらリーマン予想の類似が成り立つということに気がつかなかったんです。そのことは、今から 30 年くらい前 1982 年にゴールドフェルトがバーチ・スウィンナートン＝ダイアー予想に関連して初めて気づいたんです。それも無視されたかほとんど騒ぎにならなかったんですね。

2005 年くらいにコンラッドの単著およびクオとマーティの共著それぞれ立派な人なんですけど、そういう人たちがまた少し発掘して理論と数値計算をちょっとやったのです。ただそれもあまり反響を呼ばなかったんですね。それで今に至っています。

この DRH の考え方は、リーマン予想を納得する方法として非常にいい方法だと思います。ふつうリーマン予想と素数分布の誤差項の対応というのがありますが、DRH は誤差項の評価が 2 段良くなるという感じです。$(\log x)^2$ とか 1 乗分入っているのがなくなるとか、大きい O（オー）と書いてあるのが小さ

い o（オー）になるとか、2個くらい良くなるのがDRHです。実際どうやって証明するかは難しいんですが、事実としては間違いはないはずで、もちろん私たちの魂胆は F_1 ゼータに結び付けて証明してしまおうということです。ですから、リーマン予想を目標にしているというよりはDRHを目標にしているというほうが正しいんです。こういうと誤解が生じるかもしれないんですが、リーマン予想は正しい目標ではなくなっているんでないかと。つまり、数学の問題だと、易しそうな問題のほうが解くのが難しくて、それを精密化した難しそうな問題のほうが解くのが易しいということがよくあります。何をやればいいかがだんだんよく見えてくる。緩い条件だとやり方はいろいろな可能性がありそうで、よくわからない。結局、リーマン予想は、いい問題ではあると思うんだけど、最終的なものではないんじゃないかという気がします。DRHはいまはオイラー積でいいましたけど、素数定理の誤差項の話になりますし、零点の虚部の分布という捉え方ももちろんできるわけです。だから実部が1/2ということプラスアルファをしていることになるわけですね。

小島 標的をリーマン予想よりも**深リーマン予想**にしたほうがかえって解きやすいかもしれないということですね。

黒川 そうですね。特に F_1 ゼータの話からすると、そちらのほうがうまくいくんではないでしょうか。

小島 それで思い出したのですが、映画『容疑者Ｘの献身』には、ガリレオ・湯川と犯人・石神の出会いのところのシーンで、四色問題の話題が出てきます。

四色問題というのは、「すべての地図は４色以内の色で色分けできる」という見事な予想でした。この問題は前世紀の終わり頃に完全に解決されました。映画の中では、その証明方法を湯川と石神２人とも「美しくない」と思っていて、意気投合するんです。四色問題の解決にはコンピュータが使われたわけなんですが、そこに不満があると。

これは映画だけでなく、いろんなところで耳にする話です。放電する機械をつくって計算を代用させてしまったので、人間が手計算でやったんじゃないということに不満を持っている人が多いです。ただ、グラフ理論を専門とする数学者の方に尋ねてみたら、「それは誤解だ」といって怒っておられました。たしかに当初はそういう面があったのだけれど、本当に解決だと専門家たちが認めるまでには、数学の伝統的な解析を行ったというのです。

つまり、多くの地図はわりと簡単な数学理論から４色で塗り分けられると証明されるのですね。それで解決できない例外がけっこうあります。その例外の個数を減らすように定理の威力をアップさせる努力をした、ということらしいのです。もちろん、それで例外は劇的に少なくなったのですが、それでも人間

には調べられる数ではないようです。だから、最後はコンピュータでしらみつぶしに調べた。でも、そこまでは完全にエレガントな数学を展開した。この事実に関して世間の人が誤解している、と憤慨されておられるのですね。

黒川 ふつう数学だと4通りとかぐらいまでをおさえてやるとか、その数が2桁くらい多いとか、そういうことを汚いといっていると思うんですが、ただそういうところはコンピュータをどんどん使っていいと思いますけどね。

コンピュータと未解決問題

小島 コンピュータが出てきてから数学の様相、研究の仕方もだいぶ変わったんじゃないでしょうか。

黒川 そうですね。一応ここ(『ABC予想入門』黒川信重・小山信也著，PHPサイエンスワールド，11ページ)に予想が何年くらいで解決したかという一覧表が出ています。ケプラー予想は*をつけているんですよね。"Annals of Mathematics"の2005年版に論文が出ています。

小島 ケプラー予想ってどんな予想でしたっけ？

黒川 3次元では最密充填で球を埋めていくと13個接触するだろうということをケプラーが1611年に発表しました。ケプラーは有名な天文学者で、ドイツのテュービンゲン大学で学ん

だ人です。

　ちょっとおもしろい話がありますので、触れておきましょう。先日、そのテュービンゲン大学に滞在したときに、ダイトマー教授が世界最初のコンピューター・計算機というものに案内してくださいました。それは、1623年にテュービンゲン大学の数学・天文学の教授だったシッカートという人が作ったものの複製だそうで、ケプラーもその2台目を使うことになっていたのだそうです。ケプラーは惑星の軌道に関する何年にもわたる膨大な数値計算の結果、有名なケプラー法則を発見したわけです。深リーマン予想のように、重要な数値計算においてコンピューターが活用できる時期が再来したことはうれしいことです。

　さて、ケプラー予想に戻りますと、それが1998年に解けたといって、ヘイルスさんが有名な数学専門誌"Annals of Mathematics"に投稿したんです。7年経って、一応Accept（受理；掲載許可）されたんです。

小島　解決したってことですか？

黒川　論文が出たんですが、ただそこには編集者の断りがあって、「われわれはコンピュータで計算した部分をチェックしていない」と。ここは理論的な部分はチェックしたと。コンピュータを使った部分は、彼は別途出しているんですよね。"Annals of Mathematics"にはなかったんですが、単行本とかコンピュー

タ系の雑誌であとで出しているんです。だから全部合わせると完結して読めるようになっているようです。ただし、いでもWikipediaは99％は確かめられたという感じの書き方をしています。

小島 コンピュータの部分は確認のしようがないということなんですね。

黒川 四色問題よりかなりボリュームが大きいんですよね。

小島 それは、相当な数ですね。

黒川 一応それ用のWebサイトを作っていて、だれでも気になる人はチェックしなさいと、彼はやっていますね。しかも、それは自動的にチェックできるようにだんだんなってきているんでしょうね。機械上で。人間だとなかなか速度がはやくできないけど、機械的にチェックできるという体制になってしまえば、三段論法以上の難しいことは使っていないはずなのでだいじょうぶだと思います。

小島 数学基礎論の高名な専門家の方とメールで議論をしたことがあります。その人が言うには、数理論理学の超一流のジャーナルに載った論文の定理に関して、掲載から何年も経ってから定理の例外が見つかったということがつい最近にもあったのだそうです。論文がアクセプトされて、定理は正しいとお墨付きがあるにもかかわらず反例が見つかりました。反例があるということは、定理の証明がどこか間違っている、ということです。

しかし、証明が膨大な場合、間違いを見つけるのはやっかいな作業でしょう。こういうことが起こるのはある程度仕方がないことなんだけど、その人は数学の基礎（数理論理学や集合論など）を研究しているのでこんなふうに言います。すなわち、集合論のもっとも信頼できる公理系と言われているツェルメロ＝フレンケルの集合論の手法でみんなが証明を書けば、オートマチックにチェックできるし、こういう間違いは起こらないのに、と。

黒川　機械よりは人間のほうがあやしいですよね。場合分けで1つくらい忘れるとかね。4つくらいでしかもそれが1つ忘れてしまうというのがありますね。

小島　証明の途中で「ここは簡単にチェックできる」みたいな一言でジャンプしていて、そこがあやしかったりします。

黒川　そうそう。それは論文を書くほうとしては、easyとやりたくなるところがあるんですよね。それはいろんな段階があって、本当にeasyと確信しているときもあるし、何回もやっているので面倒だなと思うときもあるんですよね。でもそういうところに落とし穴がけっこうあって、ファルティングスというモーデル予想を解いてフィールズ賞を受賞した人が、p進クリスタル理論という大理論を作ったんですが、彼の最初の論文は間違いだらけだったんです。その論文は"Journal of Algebraic Geometry"という新しいジャーナルの1992年の創刊

号に出て、同じ年に"エラタ"という間違いの指摘を自分で書いています。"主定理は間違っていて、たとえば次のような反例がある"ということで終わっているんですよね。主定理の証明のどこが違っているかというと、p 進クリスタル理論では、だいたい微分形式の空間とコホモロジー（☞ 図解 ホモロジーとコホモロジー 119 ページ）とが同型だという主張なので、両側をずっと変形していくんですよ。そうすると、最後の両側の書き換えができて、両辺が同型なのは自明であると書いてあるんですよね。それでそこが間違っているんだというのです。ちょっと考えればわかるように、左と右ではまったく関係がない、そういうエラタなんですよ。

小島 ひどい！

黒川 コレクションというか訂正というのがないんですよ。

小島 それは困りますねえ。

黒川 条件をつけると救われるということをふつうは書くんですが。

小島 決定的に間違いだったんですね。

黒川 そうそう。出版されるまでにプレプリントというのが数年前から出ているので、それを使った論文は、もう 10 とか 20 とか出ていたんですよ。だから一挙にだめになってしまった。

小島 全滅しちゃったんですね。

黒川 ある人が、それを聞いて、ファルティングスさんには頭

が3つあると言っていました。外へ出るときは1つ使っていて、家では3つ使っている、ほかの人の3倍分成果が出ると。ただ、左側を変形するときと右側を変形するときとでは頭は別のがやっていて、3番目のは両辺同型だということをやっているのでああいうことになると。もちろん、冗談ですが。

小島　それはとても笑える例え話ですね。

黒川　ファルティングスの論文くらいになると、えらい人が査読をしたと思うんですが、やっぱりファルティングスに自明だと言われると、えらい査読者でも自明じゃないと思う自分がなかなか出せないんじゃないかな。そうすると自明かなあという気は一瞬するんだけど、まあいいやと。

小島　合っていると思いこんじゃうというか。

黒川　そうそう。ふつうの人の論文は査読によってけっこう正確になると思うんです。だから、大論文を使うときは少し注意したほうがいいという感じがしますけどね。

小島　そうすると世の中にはまだあやしい定理がけっこうある？

黒川　むしろ、コンピュータでチェック済みとかいう印を使ってもらえると安心して使えるんじゃないかな。

小島　逆に、コンピュータによるチェックがあってこそ、信頼性が増すということですね。

黒川　記号論的に、証明がチェックされているとか、これはま

だ人がチェックした段階であるとか今後はありうるんじゃないかという気がしますけどね。

小島 プログラムをつくる人もかなりの数学スキルが必要になってくるわけではないですか？

黒川 たぶんそれも込みだと思うんですよね。一般用の数学のプログラムとは違ってかなり特化したものを作っておかないといけないので。きっと時間もかかるんだと思うんですよ。チェックの時間も。

小島 ファルティングスでさえ勘違いしたりするんだから、コンピューターで別角度から確認するのも意味あります。

黒川 はい、そんな感じのところですね。保型形式のp進クリスタル理論っていうのは初めはファルティングスしかやっていなくて、いまは直ったんだと思うんですが、たぶん博士論文くらいで非常に良いのを書いて確証するくらいでしょうか。チェックするためにはそれくらいの努力が必要なんですよね。あるいは、限定した場合を丁寧に証明するという、そういうことを博士論文なら十分にできると思うんですが。ただ一般の場合は、ファルティングスがかなり一般化しているのでファルティングスしかできないでしょう。望月さんほどじゃないんだけど、ファルティングスも独特な独創的な言葉遣いをする人なので。そういえば、望月さんはプリンストン大学でファルティングス先生の学生でしたね。

小島 やはり、言葉遣いの問題で、なかなか簡単には理解できないと。

黒川 そうですね。大予想とか証明する人たちはそれなりに変わった人なんです。変わった人という意味は、変わった言語を使うということです。逆に言うと、そういう言語が発明できるので証明に近づくということだと思うんです。すこし危なくてもやりきるというキャラクターはかなり共通しているかもしれないですね。グロタンディークにしてもファルティングスにしても、望月さんにしても。

小島 黒川先生の深リーマン予想もそういう路線ですか？

黒川 ぼくは非常に、通常の言語だと思います。ぼくはあまりチェックできないんだけど、ぼくの学生に言わせると、いまのコンピュータで深リーマン予想はチェックできて、どうみても収束するというのがわかるのです。でも、証明はちょっと難しいですよね。確信はできるんだけど、きっと証明にはたぶん何段階か必要ですね。もちろんリーマン予想が出ちゃいますから。

小島 そういう意味では、コンピュータがこれほど発達したのが劇的なできごとだと思います。18世紀に、ベルヌーイが平方数の逆数をすべて加えたもの、すなわち、$\zeta(2)$の値（☞ 図解オイラーの発見16ページ）を問題に出して、オイラーがそれを計算していたときに、結果がまったく想像がつかなかったわけじゃないですか。10桁とか計算しても、円周率が関わって

いるということは想像がつかなかったわけで、当時の計算技術では相当大変だったわけですよね。いまだったらもう相当な桁数まで計算できちゃうし、コンピュータにいろいろやらせてみれば、円周率と関わってくることはすぐにわかるんだと思うんですね。

最近、書評のために読んだ数学小説に『確固たる曖昧さ』（草思社,2013/2/14,ガウラヴスリ他著）というのがあるんですが、それに、黒川先生もどこかでお書きになっていた、自然数の逆数の和が発散することを証明したオーレムという人の話が出てきます。たしか、1100年くらいの人でしたか？

黒川 1350年かな。

小島 あー、そうでしたか、さすが黒川先生。1350年くらいの人が書いた手紙というのが小説の中に出てきます。手紙自体はフィクションですが、オーレムは相当なところまで計算したのは事実でしょう。ただ相当計算しても4ぐらいにしか到達しない。発散がおそいので。それでオーレムは、発散するという事実を一度は疑うんだけど、ちょっと頭を切り替えて評価の仕方を変えてみたらうまくいったみたいなことを書いています。だから現代は、計算するツール、優秀で疲れない計算士みたいなものが手に入ったわけなので、そういう意味で数学の研究の仕方、発展の仕方も変わるんじゃないかな、という感じはしているんですよね。

黒川 そうですね。たとえば、ガウスくらいだと、オイラーもそうだけど、手計算が非常に好きで、小数点以下20桁とかの計算もいとわずやっていたわけですよね。リーマンもそうなんですよ。リーマンも零点の計算をきちんとやっているんですよ。いまだとコンピュータが数値計算する、$1/2 + i$〔なんとか〕で、〔なんとか〕のところを小数点以下2桁くらいかな、それは正しいんです。最初のは $1/2 + i.14.13472514\cdots$ になるんだけど、小数点以下2桁くらいは正しい値を出しているんですね。実際、たとえば $\sqrt{5}$ なんかも、小数点以下20桁くらいまで計算するんですよ。

小島 あぁ、大変な苦労をして計算したわけなんですね。

黒川 全集には載っていないんですが、遺稿が残っていて、ところどころがいろんな文書に写真で入っていて、けっこうおもしろいですね。彼らはたとえば、ガウスなんかだと、何かを計算してそれが e^π とか予想を立ててそれで楕円関数論をつくるんですよね。いまだときっとそこの部分はコンピュータがある程度やってくれるんじゃないかと思うんです。代表的なのは、たとえば、$e^{\pi\sqrt{163}}$ を計算すると、いまのコンピュータだと、たぶんちゃんと小数点以下20桁くらいは計算してくれるんですが、非常に整数に近いんです。最寄りの整数との差をとると0がたぶん20個くらい並ぶんですね、小数点以下。ちょっと前の計算機だと整数に見えたりする感じなんですが、いまはコン

ピュータの活用をちゃんとやってそういうところを計算すると、数論の計算にも使える。実は、$\mathbb{Q}(\sqrt{-163})$ は類数が1の虚2次体なんです。そこでの j-不変量（j-invariant）を計算すると類数が1なので整数になるんですよね。それの主要項はさっきの $e^{\pi\sqrt{163}}$ になるので、誤差項もわかるんです。整数との違いがどれくらいかとか。そういうのが手計算だとほとんど無理ですが、PC等を使ってチェックできるというのは非常にいいことだと思うんです。

これからの数学のカギを握るスキーム理論

第8章

イデアルの威力全開

小島 では、覚悟を決めて（笑い）、何度も出てきているスキーム理論についてわかりやすく説明をお願いします。まず、ぼくの素人なりのスキームの理解を提示させていただいて、その上で黒川先生に補足していただきたいと思います。

ぼく自身は、**スキーム**という方法論は思想的にとてもおもしろいと思っています。大昔、ギリシャ数学では、約数、倍数を扱っていました。素数という概念は、当時から注目されていて、素因数分解が一意的であることもユークリッドによって証明されていた。

その後、18世紀の**ガウス**が、**複素数**の中の整数というのを、整数＋整数×$\sqrt{-1}$と定義して、さらにその中に素数概念を拡張しました。ここでも、うまいことに素因数分解の一意性が成り立ってくれたので、めでたく指数が4の場合のフェルマー予想が鮮やかに解決された。

18世紀のクンマーは、同じ手法を使えばフェルマー予想そのものが解決すると考えたのだけど、そうは問屋がおろさなかった。$\sqrt{-1}$じゃない複素数、たとえば$\sqrt{-5}$のようなものを使って、整数＋整数×$\sqrt{-5}$のような数を整数と捉えると、そこでは素因数分解の一意性が成り立たない、という衝撃的なことがわかってしまった。それで困ったクンマーは、もっと細か

い数世界を使って、素因数分解の一意性を回復させたわけです。それがイデアル数と呼ばれる新種の数でした。まあ、原子をもっと基本的な粒子である陽子とか中性子とかに分解したようなイメージですね。

このイデアル数というのが、謎めいたものだったのですが、19世紀のデデキントという人が、集合の理論を使えば、わかりやすく構成できることに気がつきました。つまり、nの倍数をすべて集めた集合を一個の数と見なしてしまう、という発想です。

イデアルは、整数の世界だけでなく、加減乗を備えた環という世界なら何にでも定義できるので、とても発展性のある概念でした（☞ 図解 極大イデアルと素イデアル105ページ、または付録179ページ）。具体的には、Iという集合がイデアルになるというのは、次の2条件を満たすことです。第一は、Iの2数の和や差はやはりIに属すこと。第二は、Iの数に環の任意の数を掛けてもIに入ることです。

整数の作る環の場合は簡単で、**イデアル**はある1つの自然数nの倍数全体になります。偶然の全体とか3の倍数の全体とか、一般の環、たとえば、**多項式**の環などではもっと複雑になります。

黒川　イデアルっていわれると、最初はとまどうのですが、慣れると楽しいものですよね。

小島 イデアルの中で特別なものが2種類あります。極大イデアルと素イデアルです。

極大イデアルというのは、自分を包含するような環全体とは異なるイデアルがないようなものをいいます。他方、素イデアルというのは、2数の積がそのイデアルに入るならどちらかの数はそのイデアルに入る、という性質を持つものを言います。

整数の作る環では、極大イデアルと素イデアルはたいした区別はありません。極大イデアルは、「素数の倍数」のイデアルとなります。素イデアルは、それら「素数の倍数のイデアル」に、0の倍数、これは0だけから成る集合ですが、それを加えただけのものです。つまり、**極大イデアル**と**素イデアル**の違いは「0の倍数」だけです。

もちろん、一般の環では、極大イデアルと素イデアルは非常に異なるものになります。すべての極大イデアルは素イデアルになりますが、一般に、極大イデアルではない素イデアルがたくさんあります。

黒川 名前から一般の人が間違えやすいのですが、ふつうの素数に対応するのは素イデアルでなくて極大イデアルですね。

小島 顕著なのは、円とか放物線などの代数曲線、つまり、多項式の零点の集合として定義された図形を研究する代数幾何という分野へのイデアルの応用でした。ヒルベルトがイデアルの有効性に気がついたらしいのですが、複数の多項式の零点で図

図解 極大イデアルと素イデアル

イデアルとは和と差と倍数に閉じている集合

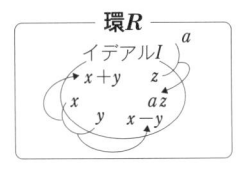

環 R / イデアル I / $x+y$, x, y, $x-y$, z, a, az

I が極大イデアルとは、I と R の間に他のイデアルがないこと

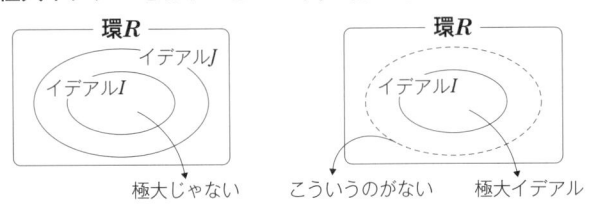

環 R / イデアル I / イデアル J → 極大じゃない

環 R / イデアル I → こういうのがない / 極大イデアル

I が素イデアルとは、xy が I に入るなら x または y がそもそも I に入っているもの。言い換えると、x も y も I に入っていないなら積 xy にも入っていないこと。

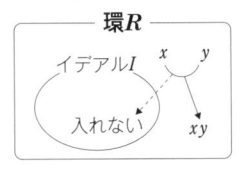

環 R / イデアル I / 入れない / x, y, xy

極大イデアルは必ず素イデアル

イデアル全体 ⊃ 素イデアル ⊃ 極大イデアル

(解説:小島)

形を定義するんだけど、それよりも多項式の作るイデアルで考えたほうがより素性がよくなるということがわかりました。

　なぜか、というと、ある図形を表現するイデアルが極大イデアルである、ということは、その図形が1点であることと対応する。また、ある図形を表現するイデアルが素イデアルであるということは、その図形がこれ以上分解できない図形、つまり既約な図形に対応するとわかります。つまり、図形に対して、「一点⇔極大」とか「既約⇔素」という対応関係が導入できる、ということになったわけです。

　ここからがたぶんグロタンディークの発想なんでしょうけども、1点に極大イデアルが対応しているんだったら、逆に点によって作られている空間を、極大イデアルによって作られている空間だと考えてしまえばいい、そういう見方ができます。ならば、素イデアルが空間を作っていると考えて別の空間ができないかということをグロタンディークが考えた。極大イデアルより、素イデアルのほうが使い勝手がいいので、一つ一つの素イデアルを点と見なした空間が作れれば、それはものすごく発展性があるだろうと。

黒川　ぞくぞくする発展ですね！

小島　たとえば、整数の話でいえば、素イデアル、つまり、素数のイデアルと0イデアルを全部1個ずつ集めていってそれらを点を見なすことで、空間を作ってしまう。これがSpec $\mathbb{Z}$で

すね。そして、その空間に遠近感を入れる。ここでいう遠近感というのは、いわゆる位相空間（☞付録175ページ）のことです。つまり、閉集合、開集合を定義するわけです。

それはどんな環 R の素イデアルに対してもできる操作で、こうして Spec(R) という空間を作って、それを適切に貼り合わせてできあがった新奇な空間がスキームなのです。

いよいよスキーム理論へ

小島 整数上のスキーム、つまり、Spec $\mathbb{Z}$（☞図解 スペックゼット71ページ）では、素数の倍数というのをひとくくりにしたイデアル、つまり、2の倍数の素イデアル、3の倍数の素イデアル、5の倍数の素イデアル…、それらに0イデアルを加えて、それらが点として連なって曲線みたいなものを作られるイメージです。すると、そこは位相空間になっていて、その上では各整数を一種の関数と見なすことができるようになります。

こんな非常に新奇な考え方をグロタンディークが創造した。黒川先生の本を読んでいたら、さらに Spec $\mathbb{Z}$ 上で微分までしようという夢が書いてあります。つまり、整数まで微分することができるようにしようと。

黒川 そうですね。環（$\mathbb{Z}$ 上の代数といってもいいんですが。詳細は付録177ページ）、あるいはもう少し制限すると可換環

からそれの素イデアル全体をもってくると、いい空間ができる。素イデアル全体をもってきて、ふつうはそこに位相を入れますが、それはテクニカルなので省くとして、そうすると自然なザリスキ位相（代数的集合を閉集合とする位相）というのが入って、それを張り合わせたものがスキームと言えると思います。その発想のもとはたぶん1940年くらいの**ゲルファント・シロフの定理**ですが、あまり代数的な取扱いではなかったのです。

　任意のコンパクトな位相空間があったらそれ上の連続関数全体の集合を考えると、それが可換環になるんですね。足し算、掛け算ができる。値をC（複素数）にするとC代数、R（実数）にするとR代数とか。いずれにしても可換環が出てきます。それからもとのコンパクト位相空間を再現したいというときにどうすればいいかというと、結果的には極大イデアル全体をもってくればいいというのがゲルファント・シロフの定理です（☞ 図解 ゲルファント・シロフの定理109ページ、その証明は付録193ページをご覧ください。複雑ではないですので、参考にしてみてください）。イデアルの話だけでできます。それはものすごい見事な定理で、任意のコンパクトな位相空間があると可換環ですべて統制できるんです。位相空間があったらそれ上の連続関数環を考えて、それの極大イデアル全体を見るともとの位相空間になるという定理です。

　グロタンディークはそれについてももちろんよく知ってい

図解 ゲルファント・シロフの定理

1 有限位相空間の場合（☞付録194ページ）

$X = \{x_1, x_2, x_3\}$は3点からなる位相空間とする。
（位相は離散位相とする。すなわち、1点から成る集合 $\{x_1\}, \{x_2\}, \{x_3\}$ はみな開集合となっている。つまり、「他の点は遠い」世界）

2 $X = \{x_1, x_2, x_3\}$上の複素数値連続関数の全体を$C(X)$と記す。

$X = \{x_1, x_2, x_3\}$から複素数 $\mathbb{C}$ への関数fは3点x_1, x_2, x_3での値を決めれば、1つに決まる。

離散位相なので、各点に"近い"点は自分だけ、よってどんな$f(x)$も「近くを近くに写す」から連続写像となる。

つまり、3つの複素数の組（α, β, γ）を与えると、$C(X)$の関数1個が与えられる。$C(X)$は（複素数, 複素数, 複素数）という座標と同じものとみなせる。

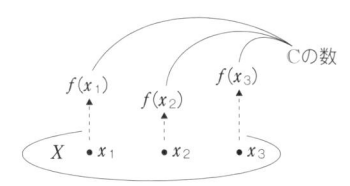

3 $C(X)$は次のような図で表せる。

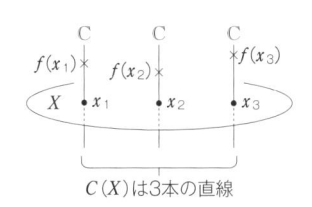

$C(X)$は3本の直線

4 $C(X)$の極大イデアルは次の3個のみ

極大イデアルm_1　　　　極大イデアルm_2　　　　極大イデアルm_3

つまり、$\text{Specm}(C(X)) = \{m_1, m_2, m_3\}$

(理由)

イデアル m_1 より大きいイデアル I があるとする。

すると、x_1 のところに 0 以外の元 a を持たないとならない。

イデアルだから、$\frac{1}{a}$ を掛けて $\frac{1}{a} \times a = 1$ を x_1 のところに持たないとならない。

1 を持っていると任意の β に対して、$\beta \times 1 = \beta$ を持ってしまう。

すると、I は $C(X)$ 全体となってしまう。

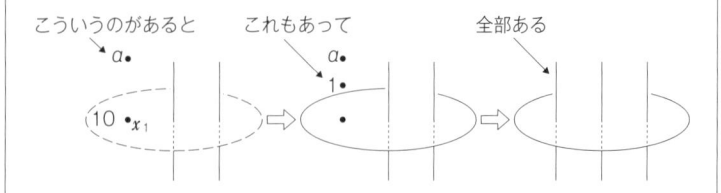

こういうのがあると　　これもあって　　　　　　全部ある

5 $C(X)$の極大イデアルの集合 $\text{Spec}(C(X))$ は元の X と同型

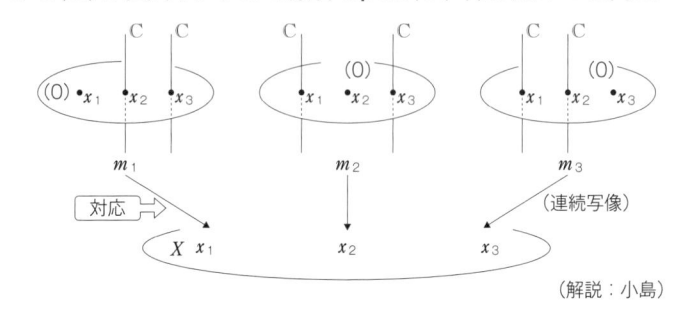

(連続写像)

(解説：小島)

て、彼のえらいところ、代数幾何のうまいところは極大イデアルだけではなくて、素イデアル全体にしたというのがえらいところなんですね。図としては極大イデアルのほうが閉点全体で見やすいんだけど、素イデアルまで入れるとそれを含むような列もできてくる。たとえば、環が2個あって、その間に準同型があったときに引き戻しができるんですが、素イデアルの引き戻しは素イデアルなんです。ただ極大イデアルの引き戻しは必ずしも極大イデアルではないので、スキームの間の射ができたときに引き戻しが極大イデアルのままだとできないんですね。だから素イデアルにしたというのが大きいところで、いろんな理論がうまくいった。空間の話なんだけど、可換環の話でもあるんですね。任意の可換環から空間ができるというのが画期的なところですね。

小島 カテゴリーの話でスキームのカテゴリーみたいのを考えることができるのは、準同型で対応することがうまくいくから、ということでしょうか。

黒川 そうですね。この辺で、F_1 スキームの話に入りましょう。可換環の代わりに、**可換モノイド**というのを持ってくる。**可換環**というのは掛け算と足し算が入っている代数ですが、掛け算だけにするんです。ただし、1と0は相変わらず持っていると考えます。可換環があったとしたら、足し算を忘れるだけですね。そうすると今度は、そこに素イデアルというのが定義でき

ます。そしてまた素イデアル全体というのを考えることができて、そこに位相をいれて、スキームを作ることができるんですね。それが $\mathbb{F}_1$ **スキーム**です。

小島 そうすると、環のスキームというのは環の構造、つまり加減乗ができる、というのが少し強すぎて不自由なところがある。だから、加減の算術を削除して $\mathbb{F}_1$ までゆるめることをしたい、そういうことですね。

黒川 そうですね。結果的には"もの"が増えるんです。たとえば、素イデアルは増えます。Spec $\mathbb{Z}$ というと、ふつうのものはさきほど小島先生がおっしゃったように、0以外は2の倍数全体とか3の倍数全体とか。たとえば、$\mathbb{Z}$ というのを、足し算を忘れて乗法だけのモノイドだと思って、その素イデアルというのを考えると、0だけでもいいんですが、2の倍数全体、3の倍数全体とかそういうものは素イデアルなんです。それに加えて、たとえば、2の倍数全体と3の倍数全体の合併集合を考えるとそれも素イデアルなんです。

小島 単なる合併集合、すなわち、たとえば2の倍数の素イデアル（(2)という記号が表す）と3の倍数の素イデアル（(3)という記号で表す）とを合併した (2) ∪ (3) というやつですか？これが、素イデアルになるから、「点」だと捉える。

黒川 そうです。環の場合はそういうことができなかったんです。

小島 なるほど。加減の算術を捨てると出てきちゃうんですね。

黒川 そうなんです。イデアルっていうのは、まず、2つの共通部分をとるとイデアルなんです。それは環でもモノイドでも成り立ちます。ただ、合併というのは環では成り立たない性質です。環では、合併というよりは"足す"という操作なので、一次結合全体を作るしかないのです。それがモノイドの場合だと単なる合併でできるわけです。そうすると、素イデアルもいろいろな種類のものができるんです。何個合併しても相変わらず素イデアルになるわけです。そういう意味で自由度が増えているわけです。ですから、簡単に言うと、$\mathbb{Z}$ 上のスキームをもっと膨らませたものという感じですね。

小島 環のスキームより少し広い空間で、でも大事なことは保たれているわけですよね。それは準同型で性質が保存されている。だからその上で考えれば、リーマンゼータに近づけるかもしれない、そういう見込みがあるということですね。

黒川 ふつうの意味の Spec $\mathbb{Z}$ も $\mathbb{F}_1$ 上で考えることができる。つまり、$\mathbb{Z}$ の加法を忘れて、$\mathbb{F}_1$ スキームとして考えることがもちろんできる。そういうときは空間として複雑になるというか、広い空間になるというわけです。点がたくさん増える。だから、いろんなことがやりやすくなる。

図解で磨こう！数学センス ステップ7　リーマン素数公式

1 リーマンゼータの解による因数分解

複素関数の**解による因数分解**を使うと、**リーマンゼータ** $\zeta(s)$ は次のように因数分解され、各項は下のような意味を与える。

$$\zeta(s) = \frac{1}{s-1} \times [\{(1+\frac{s}{2}) \times (s の関数)\} \times \{(1+\frac{s}{4}) \times (s の関数)\} \times \cdots]$$

- $s=1$ が極
- $s=-2$ が零点
- $s=-4$ が零点　…

$$\times [\{(1-\frac{s}{\rho_1}) \times (s の関数)\} \times \{(1-\frac{s}{\rho_2}) \times (s の関数)\} \times \cdots]$$

- $s=\rho_1$ が零点
- $s=\rho_2$ が零点　…

（ただし、最後の項は虚の零点 $\rho_1, \rho_2, \rho_3, \cdots$ すべてにわたる積）

2 リーマン素数公式

上記の因数分解と $\zeta(s)$ が全素数にわたるオイラー積で表されることより、次の**リーマン素数公式**が得られる。

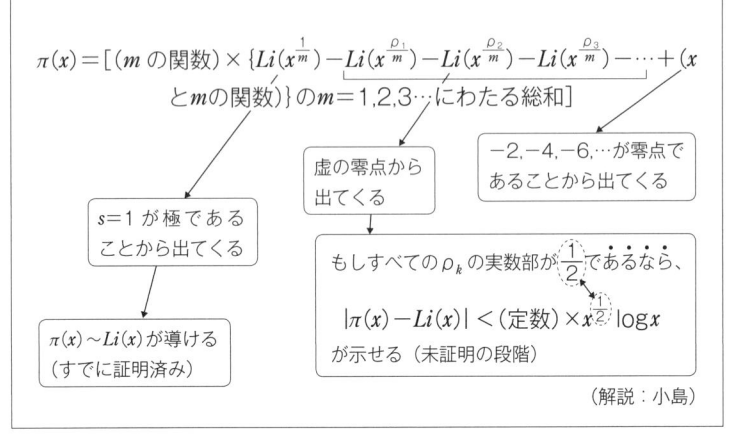

$$\pi(x) = [(m の関数) \times \{Li(x^{\frac{1}{m}}) - Li(x^{\frac{\rho_1}{m}}) - Li(x^{\frac{\rho_2}{m}}) - Li(x^{\frac{\rho_3}{m}}) - \cdots + (x と m の関数)\} の m=1,2,3\cdots にわたる総和]$$

- $s=1$ が極であることから出てくる
  - $\pi(x) \sim Li(x)$ が導ける（すでに証明済み）
- 虚の零点から出てくる
- $-2, -4, -6, \cdots$ が零点であることから出てくる

もしすべての ρ_k の実数部が $\frac{1}{2}$ であるなら、
$$|\pi(x) - Li(x)| < (定数) \times x^{\frac{1}{2}} \log x$$
が示せる（未証明の段階）

（解説：小島）

第9章

コホモロジーという不変量から
ゼータを攻める！

小島 だいたいスキームとかの話を専門書で読むと必ず**コホモロジー**という言葉が出てくるので、読者もきっとコホモロジーっていう単語だけは知っていて、でもなんだかはよくわかっていないという方が多いと思うんですが、コホモロジー（☞ 図解 ホモロジーとコホモロジー 119 ページ）はざっくり言うとどういうもので、どういう役割を果たしていて、数学上でどういう役の立ち方をしているのかについてお話し願います。

黒川 コホモロジーはもとは**トポロジー**から出てきていて図形を見る手法ですね。図形を見るといっても、とりとめないと思いますので、ある代数的な操作でコホモロジーをつくる、それはベクトル空間なのでその次元とかいろんなことを計算できる。そうするとオイラー標数とかベッチ数とかそこに出てくるので、図形のだいたいの概要がわかるというのがコホモロジーの特徴です。

ゼータとの関連で言うと、コホモロジーは固有値を与える空間なんですね。ゼータの零点とか極をコホモロジーから私たちは見たい。コホモロジーそのものよりはその空間にある作用素、行列があって、それの固有値を見るとゼータの零点とか極が出る、というふうに出てくるのがゼータ関数の典型的な場合です。

有限体上のリーマン予想をドリーニュが証明するときに使ったのがゼータ関数の行列式表示なんですけど、エタールコホモロジーというところにフロベニウス作用素が作用していて、そ

の固有値がゼータ関数の零点とか極を与える。そこまでは、ドリーニュの師匠のグロタンディークが1965年にSGA5でやっていたんです。その先を多重化のアイディア（☞図解ドリーニュの方法のイメージ図161ページ）でドリーニュがやってリーマン予想までいった。

このように、コホモロジーはゼータのほうから言うと、固有値を与えてくれる器みたいな感じですね。リーマンゼータの場合だと、Spec $\mathbb{Z}$ という空間のコホモロジーが問題なのですが、理想的には、H^0, H^1, H^2 という3つの次元のコホモロジーがあって、H^0 と H^2 は1次元のベクトル空間で、H^1 が無限次元のベクトル空間、H^2 と H^0 が何に対応するかというと、リーマンゼータの $s=1$ という極と $s=0$ はそのままだと極じゃないんだけど、完備化したリーマンゼータの極になる。H^1 という無限次元のところから本質的な零点の話が出てくる。

ただ、そこに作用している作用素が何かというのが一番の問題点なわけです。リーマン予想を解決するためには、コホモロジーと作用素というのが重要で、そこの最初の問題提起は1915年のヒルベルトとポリアの予想からきているんです。提言からちょうど100年くらいになりますね。その頃はコホモロジーという言葉も出てきていなかったので、ある作用素の固有値で書けるんじゃないかくらいでした。その枠組みをきちんとやるためには、たぶん自然に F_1 上のスキームのコホモロジー

が出てくるはずだと思うんです。

小島 コホモロジーというのを解釈すると、空間の形というか、関数の形、と言ってもいいんでしょうが、そういう姿形みたいなものを、1次元、2次元、みたいに次元別で捉えるような**位相不変量**ということですね。ここで位相不変量というのは、図形を伸ばしたり縮めたり連続的に変形しても、値が変わらない量として捉えられるものです。ゼータの関連で言うと、固有値もそういうものということなんですね？特徴を段階別に捉えるもの。それがゼータで言うと、極とかそういったことと関わっていて、コホモロジーと固有値は相互に関連しあっているということで、それを見ることがリーマン予想を解決するうえで非常に重要と考えればいい。

黒川 そうですね。

小島 ところで、エタール・コホモロジーのエタールとはどういう意味ですか？

黒川 エタールってフランス語 étale だから、「のびている状態」かと思うんですが、「すなおに伸びている状態」かな。うそかもしれません。

図解で磨こう！数学センス ステップ8　ホモロジーとコホモロジー

1 図形の「形」を計算するホモロジー群

図形を（ハサミを使って切ったりせずに）伸ばしたり縮めたりすることで変化しない性質を「**位相不変的な性質**」という。

たとえば、「穴が何個あいているか」は位相不変的な性質の1つ。

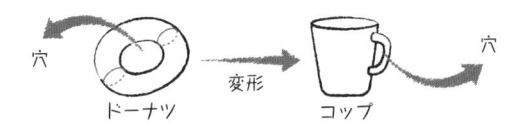

ホモロジー群は位相不変的な性質を表す量である。

2 0次元ホモロジー群は
「ひとつながりの図形いくつで作られるか」を計算する

図形Γの点たちに整数を掛けて形式的に足した文字式を **0-サイクル**と呼ぶ。

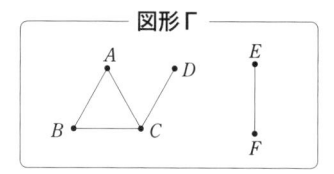

例：$Z = 2A + 3B + (-1)C + 2D + 1E + (-2)F$ ①

0-サイクルにおいて、「線でつながった2点を同一視する」ことを導入し、その同一視でできる**類**を $[Z]$ と記す。

A と B はつながっている → $[A] = [B]$
（$((-1)[A] + 1[B] = 0$ と書いても同じ）
B と C はつながっている → $[B] = [C]$
C と D はつながっている → $[C] = [D]$
よって、$[A] = [B] = [C] = [D]$
E と F とつながっている → $[E] = [F]$
このとき、①の 0-サイクル Z の類 $[Z]$ は

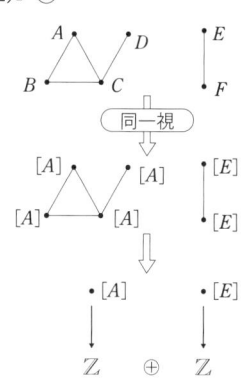

第9章　コホモロジーという不変量からゼータを攻める！

$$[Z] = 2[A]+3[B]+(-1)[C]+2[D]+1[E]+(-2)[F]$$
$$= (2+3-1+2)[A]+(1-2)[E]$$
$$= 6[A]+(-1)[E]$$

0-サイクルは例でわかるように計算すれば必ず

$$(整数)[A]+(整数)[E]$$

となる。係数が整数（$\mathbb{Z}$）2つなので、

図形Γの0次元ホモロジー群 $= \mathbb{Z} \oplus \mathbb{Z}$

となる。これは図形Γがひとつながりの図形 $ABCD$ とひとつながりの図形 EF の2つから構成されることを意味する。

3　1次元ホモロジー群は
　「図形上に本質的に異なる輪がいくつあるか」を計算する

線分を足した文字式で何周かの輪を表しているものを **1-サイクル** という。

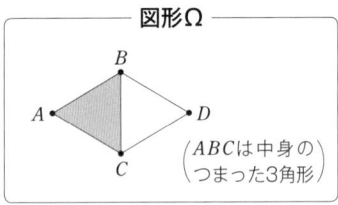

図形Ω

（ABCは中身のつまった3角形）

例：$Z_1 = AB+BC+CA$

$Z_2 = AB+BD+DC+CA$

$$Z_3 = BD + DC + CB$$

$$Z_4 = 2AB + 2BD + 2DC + 2CA \quad (\leftarrow 2 周している輪)$$

また、これらに整数を掛けて足したものも **1-サイクル**。たとえば、

$$Z_5 = 2(AB + BC + CA) + 3(BC + CD + DB)$$

1-サイクルのうち、「中身のつまった2次元図形のヘリ」となっているものを **1-境界サイクル**という。この例では、(整数)× Z_1 が **1-境界サイクル**。ここで、「1-境界サイクルを0とみなす同一視」を導入して、類 $[Z]$ を作る。図形Ωに対しては

$$[Z_1] = [AB] + [BC] + [CA] = 0 \quad ①$$
$$[2Z_1] = 2[AB] + 2[BC] + 2[CA] = 0$$

などとなる。

いま、Z_2 と Z_3 の類は

$$[Z_2] = [AB] + [BD] + [DC] + [CA] \quad \cdots ②$$
$$[Z_3] = [BD] + [DC] + [CB] \quad \cdots ③$$

であるが、①の0との同一視から

$$[AB] + [CA] = -[BC]$$

これを②に代入すると

$$[Z_2] = [BD] + [DC] - [BC] = [BD] + [DC] + [CB]$$

となるので(線分の向きが反対の類は(-1)倍と定義される)、③から

$$[Z_2] = [Z_3]$$

となる。つまり、輪 $A \to B \to D \to C \to A$ と輪 $B \to D \to C \to B$ は同一視されることになる。これは図のように2つの輪が本質的に同じとみなされるからなのだ。

すると、**1-サイクルの類**はすべて

（整数）×$[Z_3]$

と表せることがわかる。このことを

図形 Ω の **1次元ホモロジー群** $= \mathbb{Z}$

と記す。

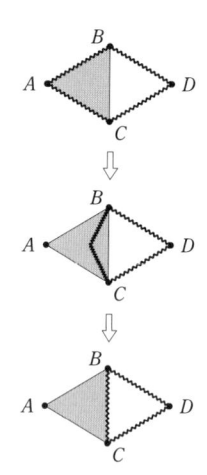

△ABCの中身を通って輪が移動していける

4 オイラー標数

オイラーは図形に対して

（面の数）−（線の数）＋（点の数）

が位相的に不変である量であることを証明した。これを**オイラー標数**という。**オイラー標数**はホモロジー群を使って計算することができる。

5 コホモロジー群は「関数のつなぎ合わせができるかどうか」を測る

コホモロジー群は、ホモロジー群と**双対**にあたる計算で、アイディアはホモロジー群とまったく同じである。

領域 D_1 で定義された関数 f_1
領域 D_2 で定義された関数 f_2
領域 D_3 で定義された関数 f_3

の組 (f_1, f_2, f_3) を考える（次ページの図）。

このとき (f_1, f_2, f_3) が **0-コサイクル**であるとは

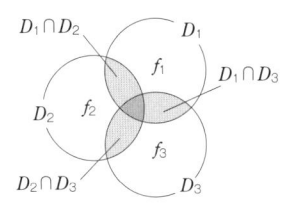

$(-1)f_1 + 1f_2$ が共通部 $D_1 \cap D_2$ 上の関数として 0
$(-1)f_2 + 1f_3$ が共通部 $D_2 \cap D_3$ 上の関数として 0
$(-1)f_3 + 1f_1$ が共通部 $D_1 \cap D_3$ 上の関数として 0

のときをいう（0-サイクルのときの $(-1)[A] + 1[B] = 0$ と対応している）。

このとき、

f_1 と f_2 は $D_1 \cap D_2$ 上で一致し、f_2 と f_3 は $D_2 \cap D_2$ 上で一致し、f_1 と f_3 は $D_1 \cap D_3$ 上で一致するので、f_1, f_2, f_3 をつなぎ合わせて全域 $D_1 \cup D_2 \cup D_3$ 上で定義された 1 つの関数を作ることができる。このような 0 -コサイクル (f_1, f_2, f_3) を集めた集合が **0 次元コホモロジー群**である。

1 次元コホモロジー群も、少し違った角度から「局所的な関数をつなぎ合わせて全域の関数を作れるか」を表す量となる。

（解説：小島）

多項式と整数の類似性

第10章

多項式版が先か、整数版が先か

小島 スキーム理論の話がまとまったところで、それを含めて教えていただきたいことがあります。それは、多項式の作る環と整数の作る環の類似性についてです。

abc予想は、多項式版と整数版があるようです。そして、この予想だけでなく、多くの数論の定理は、整数と多項式で並行的に見つかっていくように思えます。つまり、整数と多項式には、強力な類似性がある、ということですね。

整数と多項式の類似についての最初の例は、高校数学で出てきます。それはどちらでも「割って余りを出す」という操作が可能なので、そうすると割って余りを出すっていうことから展開できるような数学は整数と多項式でほぼ共通に展開できる。たとえば多項式でも素数の類似を考えることができる。既約多項式というやつです。そして、素因数分解の一意性に対応するものを考えることができます。既約な因数分解が一意的にできるわけです。あるいは、ユークリッド互除法を使って最大公約数を出せるとか、そういったことは全部出てきちゃうわけですよね。

たぶんそのもっと先のことを現代の数学はやっていて、多項式と整数の類似というのがかなり深く研究されているんだと思うんですが、とりわけ、その逆、多項式でできることが逆に整

数に戻せるんじゃないかっていう方向で考えている節があるのかなと思うんですが、その辺どうでしょうか。

黒川 整数の全体というのをふつう $\mathbb{Z}$ と書きますが、それが素因数分解できるというのはふつうは UFD や一意分解整域のところで扱われます。そういうふうに環論的には言えるんですね。多項式環の場合でも、係数に体などある程度制限があるとすると、UFD といえるので、同じような話は考えられる。そうすると素数の類似物も考えられる。ゼータを含めていろんなものも計算できて、多項式の場合だと比較的簡単にいろんなことが計算できてしまう。

　たとえば、リーマン予想の類似も多項式版では、最初はコルンブルム、そしてアルチンが計算しました。最終的にはドリーニュがすべての場合、多項式バージョン、関数体バージョンというのをやって、すべての場合にリーマン予想の類似が成り立つということを証明してフィールズ賞をとったんです。

　数論の場合だと、もともとはやっぱりふつうの整数で定式化されている問題がまず出てきます。それが解けないときは、多項式類似を考えます。整数に一番近い多項式類似は有限体係数の多項式なんですね。$F_2 = \{0,1\}$ だと一番簡単で、0 と 1 しかないので、係数が見た目には 1 だけの多項式を考えればよくて、特にコンピュータではすぐにできるはずですね。それだと、もちろんリーマン予想の類似も成り立つし、いわゆるラングラン

ズ予想なんかも多項式版は証明されている。そっちはドリンフェルトとラフォルグが証明して、フィールズ賞をとっています。他にモーデル予想などいろんな有名な予想を見ると、一様に証明されています。たとえばabc予想も多項式版は以前から証明されています。アルチンの原始根予想というのがあって、それも多項式版があるんです。それは1937年にビルハルツが証明して、ただそのときは多項式版のリーマン予想は仮定していたんだけど、10年経ってヴェイユが証明したので、その後はちゃんとした定理になっています。整数版の、本来のアルチンの原始根予想は、一般化されたリーマン予想を仮定すれば、成り立つことが証明されているんですが、まだ証明はできません。今話題のabc予想では、多項式版は証明されていて、しかも、望月さんの方法は基本的には多項式版の証明の類似物をつくりたい、というわけです。多項式の場合のabc予想に限って説明しますと、$a + b = c$があるとすると、微分したものも成り立つ：$a' + b' = c'$。そうすると条件式が2つ出るわけですね。それからいろんな帰結が出てくる。そうすると、abc予想が証明できる。整数版はそこのところが、素朴にやると、整数の微分はないのでなかなかできない。望月さんはそこの部分を整数の微分そのものを作るというよりは、同じ効果が出る状態のものを作って、ちょっと迂回路を作ってクリアしているはずなんです。整数と多項式の類似だと、まず多項式にして成り立つこ

とを確かめて、そのときに証明が使えそうだったら整数の場合にも使いたいというのが基本的な戦略です。リーマン予想の場合も一応戦略はそうなんですね。多項式版でできたやり方を使いたいんだけど、リーマン予想のときは微分の話よりは話がちょっと複雑になって、今度は一挙に $\mathbb{F}_1$ 上の多項式と整数を見るというふうになってきているというのが現状だと思います。

小島 abc予想は歴史的には多項式版が先に考えられたんですか？証明じゃなくて、予想というか。

黒川 abc予想というのはちょっと事情が複雑で、だれもabc予想の多項式版という認識では考えていなかったんですね。結局、abc予想というのは1985年くらいに考えられて、振り返ってみると1980年くらいには多項式版にあたるものができていたんです。予想じゃなくて、定理としてあったんです。

小島 定理としていきなりあったというわけですか。

黒川 書いた人たちも別にこれの整数版が成り立つんじゃないかとかそういうことを考えていたわけではないんですよね。もともと多項式の話、多項式に興味のある人たちがやっていたんです。

小島 多くの類似物っていうのはまず整数版があって、難しすぎるから多項式でやっていたんだけど、abc予想は逆の経路というか、先に多項式が予想され、予想と同時に証明されたとい

うこと？

黒川 そうですね。ちょっと複雑な点は、多項式版があって、それの完全な類似を整数版で考えると成り立たないんです。整数の場合は、それを変形する必要があって、事情が複雑ですね。つまり、整数の場合と多項式の場合で、たとえば、リーマン予想だったらまったく同じ定式化なんです。abc予想では、整数の場合にはεファクターというのが新たに必要で、そこが理解しにくいし、類似があまり正確に成り立っていないというところです。

整数も微分できる？

小島 もう1つその関連でお聞きすると、多項式というのは微分できたり、次数みたいな付属の情報があったりするので、整数より情報量が多いわけですよね。あと、関数として捉えることができるので、入力すると値が出てくるみたいなシステム、形になっている。

一方、整数には、微分できるとか、次数とか、数をインプットすると数がアウトプットするとか、そういう余計な情報が一見ないように見えます。ところが、スキームっていう形で素イデアルを点とする空間 Spec $\mathbb{Z}$ をつくると、整数というのはその空間 Spec $\mathbb{Z}$ 上の関数みたいな役割を果たすことができる。

つまり、整数1個1個があたかも関数のような働きをして、それが素イデアルの空間をある種特徴づけるという、不思議な構造になっているような感じがするんですが、そういうこととは関連があるんですか？

黒川 整数の場合は、たとえば10っていう整数があったときに10というのをグラフで表しなさいとあったとしましょう。ふつうは、横一線、xy平面で$y=10$みたいになりますよね。いまおっしゃったスキーム論的には横軸っていうのが、今度は素数が書いてある軸なんですね。そうすると、2と3と5と7と11、13…そういうところで10っていう値がどうなるか、10っていう関数がどうなるかと言うと、10のpでの値っていうのは、10 mod pっていうのが値になるわけです。2では0、3では1、5でも0、7では3、そういう動きのある折れ線が出てくるわけです。（☞ 図解 スペックゼット71ページも参照のこと）

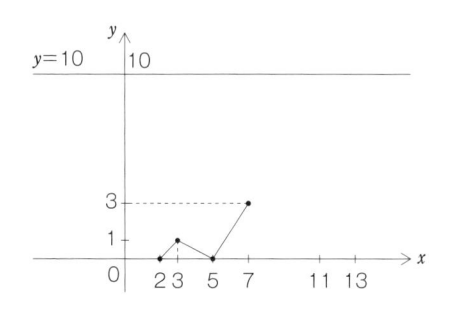

0になる点というのは素因子になっているところなので非常

に特徴的なんですよね。いまの10だと、2と5のところだけは0で、ちょうど零点になっている。零点になっているというのは、2と5が10を割り切っているということです。そういう折れ線のグラフみたいのが、10をスキーム論的にいったときの関数ということになります。

1つ追加しますと、そのグラフがそうなっているときに、微分ができるんじゃないかというのが、いわゆるフェルマー微分というもので、望月さんも一番最初はそれを考えていたんです。ただ、素朴に考えるとあまりうまくいかない。その代替物を考えたりして、いまに至っているというわけです。

小島 フェルマー微分については、その原理は黒川先生の本を読んで理解できました。つまり、整数を関数とみたときの微分を上手に定義すると、フェルマーの小定理によって積の微分公式が成り立ちます。その上で疑問になったことですが、あれが微分として通常の微分と同じように役に立つんでしょうか？ 通常の微分は、極点を見つけるとか、単調増加の証明とか、そういうことに役立ちます。これは高校数学でも習います。フェルマー微分というのは数論で使うときには、どういう感じで役立っているんですか？

黒川 たぶんいろんな場面があると思うんです。たとえば2をpで微分するというのは、$2^p - 2$をpで割って$\mathrm{mod}\ p$で見る、そういうことになるんです。それが0になるというのは、pで

重根を持つという感じです。それはフェルマー予想のときのビーフィリヒ素数ですかね。

小島 あの、例外的な素数、非常にまれにしかない素数のことですね？フェルマーの小定理から、p が素数なら、$2^p - 2$ は必ず p で割り切れる。だから、p で割った商を出せる。その商がもう1回 p で割り切れる、そういう意味ですね？

黒川 そうです。そういうのを特徴づけるものにまず最初にフェルマー微分が出てきた。たぶんその辺も本当は将来的には結びついていくんだと思うんですけど、もう少しまじめに $\mathbb{F}_1$ 数学をやっていく。いまのところ、フェルマー予想の証明はフライの楕円曲線を使った方法でやっていて、一件落着しているんだけど、もしかしたら、昔のビーフィリヒ素数の辺もちゃんとやるというのもありうるかなという感じはしますね。

小島 そうすると、まだなにかフェルマー微分が大きく役立っているというわけではないんですね。

黒川 そうですね、そんなにないですね。いろんなところでちょくちょく顔を出す。ただ、大きな成果を出すところまではいってない。たぶん大きな成果を出すとすると、ちゃんと $\mathbb{F}_1$ 微分という形の捉え方をしてなんかを出すことになると思うんです。

ラマヌジャンと保型形式

第11章

ラマヌジャンの奇抜な発想

小島 多項式から派生した話題として、**保型形式**についても少し教えていただきたいと思います。**ラマヌジャン**が24乗するとおもしろいことが出てくる、あの奇妙な無限次の多項式

$$\Delta = q(1-q)^{24}(1-q^2)^{24}(1-q^3)^{24}\cdots$$
$$= \tau(1)q + \tau(2)q^2 + \tau(3)q^3 + \cdots$$

を発見したんですが、なんであんな式に気がついたのか、気がついたのはともかくとして、なんであんな計算をしてみたのか、その前の段階にあたる何かがあったのか。ラマヌジャンが何かをみていてそれを真似したのか、なんであれが24なのか。それについて世の中に書かれたものがあんまりないので、黒川先生の独断というか、妄想でもかまわないですが、お教えください。

黒川 ラマヌジャンはあんまり一般の保型形式の話には通じていなかったと思うんですが、経験的には非常によくわかっていた。保型形式でよく出てくるのは、ラマヌジャンの Δ (☞ラマヌジャンのデルタ等137ページ) と E_4 と E_6 ですね。その3つを知っているとだいたい $SL_2(\mathbb{Z})$ の保型形式はすべてわかるんですね。j-不変量もすべて書けます。ラマヌジャンがいろんな計算をしたのは、オイラーの五角数定理(☞図解オイラーの五角数定理32ページ)というのがありますが、そこでおもし

解説 ラマヌジャンのデルタ等

　ラマヌジャンはモジュラー群に対する具体的な保型形式が大好きであった。それらの保型形式とは、言い換えると、重さ４と重さ６のアイゼンシュタイン級数および、それらの多項式として書けるものである。とくに、テイラー展開（q 展開：別の見方をするとフーリエ展開となる）の係数に格別の興味をもっていた。その最愛のものが、ラマヌジャンのデルタ Δ と呼ばれる場合であり、〔重さ４のアイゼンシュタイン級数〕の３乗から〔重さ６のアイゼンシュタイン級数〕の２乗を引いたものを 1728 で割ったものに他ならない。ラマヌジャンは計算の名人であり、現在ならばコンピューターが行うような膨大な計算も手計算によって行った。その結果、Δ の係数をたくさん計算し、乗法性や漸化式に気づくことになった。これは、Δ のゼータ関数の発見と、それが２次のオイラー積表示を持つ、という予想を導き、さらに、各オイラー因子がリーマン予想の対応物を満たすだろうという予想 ── これが有名な『ラマヌジャン予想』── にたどり着いた。

　それまでのオイラー積はリーマンゼータ関数のように実質的に１次のものしか知られていなかった。ラマヌジャンは史上初めて高次のオイラー積を発見したのであった。ラマヌジャンの発見した２次のオイラー積は保型形式のゼータ関数として活発に研究されるようになり、20世紀後半には、谷山予想にあらわれ、さらには、ワイルズとテイラーによるフェルマー予想の解決に必須のオイラー積となったのである。

　また、ラマヌジャン予想は、グロタンディークによる代数幾何学の革新を促し、1974年にドリーニュによって完全に証明された。それは、有限体上の代数多様体のゼータ関数（合同ゼータ関数）に対するリーマン予想の類似の証明であり、ラマヌジャン予想は11次元の佐藤・久賀多様体の場合になっていた。ラマヌジャン予想を佐藤幹夫と久賀道郎の研究した佐藤・久賀多様体に帰着されること

> を実質的に示したのは、1962年のプリンストンにおける佐藤幹夫の研究であった。佐藤幹夫は1963年にかけて、ラマヌジャン予想の先を研究（ラマヌジャン予想はリーマン予想に対応していて零点の実部に関する予想になり、佐藤はその観点から、さらに零点の虚部に関する研究を行った）し、佐藤・テイト予想に至った。佐藤・テイト予想は、2011年のテイラーたちによる論文 ── それは、ワイルズとテイラーによるフェルマー予想の証明法を何重にも拡大したものであって、現代数論の金字塔である ── によって完全に解決され、その論文は京都大学数理解析研究所が発行する数学専門誌の佐藤幹夫80歳記念号に出版された。

ろい現象が起きているというのが一因です。それはいわゆるイータ関数を展開したときなんです。それを24乗したのがラマヌジャンのΔで、その展開係数がラマヌジャンのτ係数で、ラマヌジャンが初めて考えたのです。それにいい性質があるだろうということはたぶんだれも予想していなくて、ラマヌジャンも最初はわからなかったと思うんですよね。合同式くらいがまず出たのです。少なくとも30番目くらいまでは手計算してあったんです。ラマヌジャン予想というのがどういうプロセスを経て出たのかはわからないです。τというのが乗法的だというのは30番目までを計算すると、$\tau(6)$が$\tau(2)$と$\tau(3)$の積になっているとか、だんだん気がついてきたと思うんです。大きさのほうは$|\tau(p)|$というのが$2p^{11/2}$以下になるというの

がわかるというより、それをむしろ $\tau(p)$ を $2p^{11/2}\cos(\theta_p)$ と書いてしまったんだと思うんですよね。θ_p は複素数だとするといつでもそういう θ_p がとれるのです。それが実数だと思うのが、**ラマヌジャン予想**です。

実はその先に θ_p 分布というのが待っていて、それを佐藤幹夫さんが数値計算しました。日立の計算機を使って1962年から1963年に計算して $\sin^2\theta$ の分布というのを発見したのです。そして、2011年に佐藤・テイト予想としてめでたく解決するということになるわけですね。

ついでにいいますと θ_p は合同ゼータつまり $\mathbb{F}_p$ でのゼータで見ると、ちょうど零点の虚部を表していることになっていて、零点の実部が 11/2 になっているのです。だからゼータ関数の実部だけではなくて虚部の分布をみるという非常に先端的なことをやっていたのが、佐藤・テイト予想ということになるんです。

小島 そういう関係性があるんですね。

深リーマン予想

黒川 数学史という大きな流れからいうとリーマンゼータの零点なんかも、いつまでも 1/2 だけにこだわらないで、虚部の話もすべきであるということになります。積極的に虚部も問題に

すべきであるというのが、いまの時代だという気がします。深いリーマン予想というのはそっちの方向にいっています。

小島 11/2っていうのはすぐにわりとぎりぎりの境界値になるんですか？

黒川 そうですね、かなり。

小島 わりと最初のほうを計算すれば11/2に近づいてまた離れていくみたいな。きっとこれが境界値だろうと見抜けるようなものなんですか？

黒川 ラマヌジャンくらいだとそうなんでしょうね。ラマヌジャンはL関数をつくってオイラー因子の形を見通しているんですね。乗法的だということを言いかえるとオイラー積になって、L関数の表示になる。それで、オイラー因子の話になり、ある漸化式になっていくんです。τのpのべきに関する漸化式です。それはモーデルが1917年に証明したんです、あとで1937年にヘッケがもっと一般的に証明するんですが。その段階でオイラー因子の形が2次式になっていることがわかる。それのリーマン予想の類似を考えるとラマヌジャン予想の話にちょうどなるんですね。このようにオイラー因子から考えたのかもしれないですね。ラマヌジャン予想は、そこの判別式が負ということに対応するんですが、オイラー因子にまでリーマン予想の類似が成り立つと思うとそういうことになるんです。

小島 非常にいろいろなものが深い関係で結ばれているんで

ね。

黒川　いずれにしてもオイラー因子という概念が大事ですね。その形はきちんと予想していたので、彼にとっては自然だったんでしょうね。p因子の零点、極を結果的には見るということになって、そうするとかなり先まで見通せたんじゃないかという気がします。

小島　その単一の式だけをいじっていたわけじゃなくて、派生するいろんな計算をやっていた？

黒川　そうですね。数値計算だけだとけっこう厳しい気がします。乗法的ということはわかっても大きさの評価は局所因子をよく見ていたんじゃないでしょうか。

数学者は美しいものに弱い⁉

小島　物理学者の方が直感が当たっているとおっしゃっていましたね。数学者にもそういうのがあるのではないんでしょうか。

黒川　数学者は美しさなんでしょうね。こうなっていると美しいという、それはなかなか難しいですよね。数学者ごとに違っているかもしれない。たぶん物理学者はむしろ現実を見ないといけないので、ふつうは美しさは二の次かもしれないですね。たとえばストリングセオリーまでなるとあまり現実は関係ないというか、結果と付き合わせることがないので。

美しさだけで突き進む。美しさ優先で典型的なのは、ディラックという人です。ディラック方程式も美しさで有名なものですが、後期には、整数論的な物理理論を作っているんです。だれも理解できなかったんですけど、彼に言わせると、物理は美しければいいと。現実とあっていなくてもいいんだという極端な意見なんです。それはハイゼンベルグとかボーアとかとは違う気がします。現実にあっているというのがふつうは物理の建前なのです。一方、数学のほうはできるだけ簡単にしたいというのがあるのです。

小島 その簡単なのが式であったり、シンプルさや美しさとつながっていくんですね。

黒川 いろいろやって結果が簡単な方向に進んでいくとそうなると。途中は試行錯誤しますが、結果がシンプルで美しくなるというのが重要です。もっとも、だから10個のうち1個がそうなればいいという感じはしますけどね。

小島 abc予想にしても深リーマン予想にしても美しいというところに通じるところはありますよね。

黒川 そうですね。深いリーマン予想は、いままでオイラー積について考えられてきたこととはまったく違っています。実際、中心で考えようというのは、プロだと思い浮かばないようなものです。ふつうは実部が1より大きいところの絶対収束域のところだけで考えていて、あとはディリクレ級数に変換して解析

接続する。オイラー積はそこで1回忘れるというのがふつうなんです。

　深リーマン予想は、オイラー積第一主義といえるでしょう。オイラー積だけを見ていればいい。中心のオイラー積の収束を見ていく。そうすると、深いリーマン予想にいく。形上は解析接続もいらない。深いリーマン予想からリーマン予想を出すときはもちろん解析接続を使って証明するんですけど、オイラー積の収束だけだと、他の場所はまったく関係ないので、そこだけ計算機にのせてやればいい。そういう意味だと非常に簡単。高校生でも理解できる。リーマン予想は無理かもしれないけれども、『リーマン予想の探求』にある深リーマン予想は高校生で十分理解できます。高校生の数学コンテストとかに深リーマン予想を忍びこませて、うまく解けるとフィールズ賞がもらえるかもしれません。

双子素数解決間近!?

第12章

小島 少し、古典的な未解決問題に戻らせてください。**双子素数**というのは、差が2の素数の組のことです。たとえば、3と5とか、17と19とか。双子素数が無限組あるかどうかは、古い問題ですが、未だ解決していないようです。一方、双子素数の逆数の和が収束することは証明されているらしい。このことはどういう方法で証明するんですか？

黒川 あれはブルンという人が1900年代初期にやったんです。"ブルンの篩(ふるい)"というのがあって、篩というのはシーブっていうんです。もみから米を取り出すとかそういう意味です。ギリシャ時代の昔だとエラトステネスの篩という、自然数から素数を残す方法がありましたが、今度は双子素数の類似物をつくるんです。一気に双子素数を残すことは難しそうでも、それに近いことはできて、逆数和の収束性は言える。

小島 その篩の方法で、双子素数が無限組あることまでは出てこない？

黒川 出てこないですね。

小島 ゼータとは関係ない？

黒川 この中に入っているくらいは言えますが、これだけは入っているという評価は難しい。漸近的に、たとえば、x以下の双子素数の組が何個あるかというのは予想はたちますが、それを証明するにはリーマン予想を仮定してもちょっと無理ですね。適切なゼータが見つかっていない、これだろうというのは

ありますが、解析はできていません。

小島 じゃあ双子素数が解けるのはまだまだ遠い？？

黒川 遠いでしょうね。

小島 今年の5月になって、ニューハンプシャー大学の数学者によって、差が7千万以下の異なる素数の組が無限個存在する、という画期的な報告は出ましたね。

黒川 そうですね。差が2の素数の組が、もちろん双子素数です。「7千万」を「2」に変更できれば、双子素数の解決になるというわけです。メルセンヌ素数が無限個というのはもっともっと遠い。そっちのほうはメルセンヌ素数の逆数の和が有限になってしまうので、（2のべき）-1の逆数の和ですから、メルセンヌ素数だけじゃなくても、全部入れても急速に収束してしまうから問題としてはもっと難しいんです。逆数の和が大きいほうがやさしいのです。双子素数のほうはなんとかできるかもしれないけど、メルセンヌのほうはもう何段階か必要です。

　メルセンヌ素数については2500年というふうに、手元の記事はなっていますね（『現代数学　2013.4』,「ゼータから見た現代数学」, 現代数学社）。たぶんそのくらいだと思いますが、読者から2300年くらいじゃないかといわれたときにどう対応するか…。そういうときはもう一度、時代を計算し直すんですかね。やっぱり2500年くらいなんでしょう。タイムマシンで見てきましたとかいっても、証明を持ち帰っちゃうとまた時間

発展がずれちゃうので…。

小島 新しく見つかる巨大素数は、みんなメルセンヌ素数ですね。コンピュータで探している。今年も新しく見つかりました。新しく見つかるのは**メルセンヌ素数**であるにもかかわらず、メルセンヌ素数が無限にあるかどうかはわかっていない、というのはとても興味深いことです。しかも、双子素数よりも困難なんですねぇ。

黒川 無限個を証明した論文が2500年に発表されて、誰でもダウンロードできるようになるのでしょうか。見たいですね。

小島 「4以上の偶数はすべて2個の素数の和で表せる」という、ゴールドバッハ予想というのも有名な予想です。これについてはどうですか？

黒川 **ゴールドバッハ予想**と双子素数予想は双対の関係なんです。両方とも証明されていない予想です。素数と素数の和という形のゴールドバッハ予想ではできていないんですが、片方は素数、片方は素因子が2個以下と弱めると、ゴールドバッハ予想の類似が証明できるんですよ。それに対応するのは、双子素数の場合も何かの類似はできていたりするわけです。

小島 素数1個と素数2個以下の積である数との和で表せる、ということまでは証明できるのですね。ゴールドバッハと双子素数の探求は、同時に進行している感じですか？

黒川 そうですね。片方を考えれば他方にも影響します。

素数の評価とリーマンゼータの零点との関連性

第13章

規則性と不規則性のはざまで

小島 素数がこんなに魅力的なのは基本的に不規則だからなわけですよね。でも、素数の個々を見ると不規則なんだけど、グローバルに見ると規則性をもっている。たとえば、x 以下の素数の個数を表す関数 $\pi(x)$ は、$x/\log x$ とか $Li(x)$ でほぼ近似できる、ほぼ正しい数値を出すことができる（☞図解素数定理 82 ページ、☞図解リーマン素数公式 114 ページ）。だからすごく大きい数までにいくつ素数があるかほぼ精密にわかる、だけど個々の整数が素数かどうかということになると、めちゃくちゃ難しくなる。だから、双子素数の問題とかゴールドバッハ予想とかが解決できないわけですね。

これは、すごく不思議だと思うんですよね。つまり、規則性がないということは、全体像を捉えにくい、グローバルにも捉えにくいことだろうと思われるんだけど、グローバルには簡単な関数で捉えられてしまう。素数は、こういう不思議な性質をもっている気がして、それはリーマン予想（☞図解リーマン予想 66 ページ）とも大きく関係しているんですが、個々の不規則性というのとグローバルな規則性について先生はどうお考えですか。

黒川 ふつうの素数だけじゃなくて、素数を一般化した代数体の素イデアルとかそういう場合でも x 以下の「素数」の個数が

$x/\log x$ とほとんど漸近的には同じだということは成り立つわけです。ただ、漸近的には比が1にいくというのはいいんですが、その個数がきっちりいくつかというと、それはまた別問題です。ゼータでいうと、$x/\log x$ になるというのは、対応するゼータが $s = 1$ という極を持つということからくるわけです。

いろんなゼータ関数があるんですが、s が1で**1位の極**を持っている場合はまったく同じ形の漸近的な形が出る。たしかにそれはそうなんだけれども、個数自体をもっと正確に表そうとすると多様になります。それはちゃんとリーマンがやっていてリーマンの素数公式というのがあって、ゼータの極と零点全部に関する和という明示公式ができるわけです。そうすると、$s=1$ の極というのは一番最初に目立って現れるので、あとは、実部が $\frac{1}{2}$ 以上の零点というのが現れて、その辺は $x^{\frac{1}{2}}$ くらい以上のオーダーの寄与なんですね。リーマン予想というのはその主要な $Li(x)$ という項の次の項あたりは、$x^{\frac{1}{2}}$ でおさえられるということに当っているわけです。いろんな素数の類似物があって、いっせいに $Li(x)$ で比が1になるというのは、$s=1$ が1位の極というところが一緒なのでそうなるんですね、理由としては。それをもっと精密に見ようとすると各々のゼータの違いが出てくるわけです。極のところは同じなんだけど、零点のほうがまたそれぞれのゼータによって事情が違って、いろんな分布をしているわけです。たとえば、リーマン予想のレベルか

らの視点に立つと $\frac{1}{2}$ の誤差項なんだけど、それをもっとよく見ようとすると、ばらばらな分布をするわけです。リーマンの明示公式というのは、x 以下の素数の個数 $\pi(x)$ をゼータ関数の極と零点の和で表しています。$\pi(x)$ は階段状の関数になるんですが、極と零点に関する和というのも無限和なんだけど、実際にコンピュータで計算させると、やっぱり階段関数になるんです。再現されるわけです。比というくらいであらっぽく見ると同じようなことなんですが、もっと精密な規則性というのをやりだすと零点のほうも全部見ないといけない。零点の分布になると、いろんなゼータで事情が違ってくるので、そこまで規則性が明確にあるかどうかは、リーマン予想の先の問題です。

リーマン予想というのは、主要項のあとが $\frac{1}{2}$ 乗くらいのオーダーでおさえられるということですが、もちろんその先もあるんです。それがいわゆる深いリーマン予想で、ふつう言うリーマン予想の誤差項の評価を一歩進めたものです。逆に言うと、零点についてもなんかの規則性がある、実部が $\frac{1}{2}$ というだけじゃなくて、もう少し虚部の部分についても規則性があるだろうということを言っているんです。このように、いろんな段階の規則性があるんです。まとめると、漸近評価では、$s=1$ という極が効いてきて、セルバーグゼータ（☞ 図解 セルバーグゼータ 79 ページ）の場合でも、デデキントゼータの場合でもいっせいに $Li(x)$ で済むっていうのは非常にめざましいんです

けど、もう少し事情を見てくると、各ゼータで違ってくる。物理との類似でいうと、$s=1$ での様子というところは説明できるんだけどその先の素数の種類ごとに違ってくるというようなことはあまり説明できないんじゃないかという気がします。

小島 そうか。こういうことでしょうか。ゼータが1のところで極を持つ、つまり、$s=1$ のところで値が無限大になるというのは、素数の個数 $\pi(x)$ が最初の $x/\log x \sim \pi(x)$ で漸近的に近似できることと同値なことを言っていて、まだそれがあらっぽすぎると思って、もう少し詳しく見たいなら、今度は零点を調べればいい。そこで、ゼータが0になる場所が実部が $\frac{1}{2}$ の複素数として並んでいる。実部が $\frac{1}{2}$ ということは $x^{\frac{1}{2}}$ が $\sqrt{x}$ だから、$\sqrt{x}$ 程度を付け加えれば大きさがおさえられる。これが $x/\log x$ の次の段階の規則性となる。それがリーマン予想ということなのですね。

　そうすると、実部が $\frac{1}{2}$ の直線の上に零点がばらばらと並んでいる、という規則までは捉えられる。でも、実部が $\frac{1}{2}$ である直線上での並び方にまだ不規則性がある。逆にいうと、素数の持つ不規則性は、もうその零点の並び方の不規則性のほうに閉じ込められている、不規則性がそれに集約されてしまう、そういうことなわけですね。

黒川 そうですね。

小島 その、直線上に封じ込められてしまった不規則性を解明

する、言い換えると、実部は無視して虚数部に秘められた規則を捉えるものが、深リーマン予想になる。

黒川 はい。だから、虚数部分がある意味で規則性を持っているというのは深いリーマン予想。

小島 もう一段階上ということですね。

黒川 はい。リーマン予想は虚数部分が規則性を持っているかどうかは言わないんです。"虚部については触れない"というのがリーマン予想なんです。実部が$\frac{1}{2}$ということだけで、それ以上のことはなにも言わないというのがリーマン予想の立場です。だけど本当は虚数部についてもなにか言えるはずだと思うのが深いリーマン予想です。オイラー積が中心のところで収束するためには、そこまで言えてないといけないんです。だからそこはこれからの課題です。もちろんリーマン予想自体もこれからの問題なんだけれども、むしろ興味を実部だけではなく虚部にも広げたほうが話がわかりやすくなるという気がします。

ゼータ関数は三角関数の１つ

小島 それと関連してなんですけど、要するに複素数全域で定義された関数があるとき（☞図解複素数の関数52ページ）に、その零点を考えるというので、たとえば、n次多項式だったらn個零点があることがわかっているんですが、e^zなんかだとな

いんでしたっけ？

黒川 ないですね。$e^z - 1$（☞ 図解 リーマン予想 66 ページ）だと無限個あります。

小島 そういう複素数全域で定義された関数の零点を考えるというので、ゼータ関数だけが非常に際立って魅力的な問題を出しているということなんでしょうか。

黒川 ぼくは一応ゼータ関数の専門家、研究者になっていますが、むしろ三角関数の研究者だと自分では思っていて、ゼータ関数を貶(おとし)めようという気はないんですが、ゼータ関数は三角関数論の一種だと思っているわけです。

たとえば、$\sin x$ という関数を考えると実数だけでも π の整数倍のところで 0 になります（☞ 図解 オイラーの発見 16 ページ）。複素数にしてもそれしかない。それがリーマンゼータの場合（☞ 図解 リーマンゼータ 63 ページ）とは、並び方が横一線なので、90 度違うんですけど、同じようにしたければ $\sinh(x)$ を考えるとその零点というのは実部が 0 の上に、虚軸の上に全部乗るんです。関数等式も満たすし、ほとんどゼータなんです。ぼくは完全にゼータだと思っているんですが。いわゆる黒川テンソル積というのは、三角関数をまず多重化するということを始めて、それで話が出てきたんです（☞ 黒川テンソル積 168 ページ）。一般にはゼータのほうにも拡張します。だから、$\sin x$ か $\sinh(x)$ ですかね、それをゼータの手掛かりの一種だと思うと、

リーマン予想はそれほど神秘的ではない感じがします。

小島 それのアナロジーだと思えばいいんですね。

黒川 そうですね。さっきの定義だと、$e^s - e^{-s}$をリーマンゼータの代わりに考えると、いろんな性質がうまくいっている。いままでの考えでは$e^s - 1$というのは、オイラー積の1つのファクターをもってくるとそんなものなんですね。たとえば、$1 - p^{-s}$とかになって、それは実部が0の上に全部零点が乗っているんです（☞図解リーマン予想66ページ）が、それを（逆数にして）無限積にしたのがオイラー積、ゼータ関数です。その零点もいい性質を持っているというのがリーマン予想なんです。各オイラー因子もまっとうなゼータ関数で、有限体F_pのゼータになっている。ゼータでリーマン予想がチェックできているのは有限体ゼータとかセルバーグゼータとかそれなりにたくさんあるんです。本来のリーマンゼータはチェックできておらず、難しいですが、それほど不思議じゃないという気がします。

小島 なるほど、そういうことか。やっぱりオイラー積のほうが大事ということなんですね。先ほどもおっしゃったように。

黒川 オイラー積がないようなゼータもたくさんあるんですが、そのようなときはリーマン予想の類似はふつうは成り立たない。実際明確に成り立たない例もつくられています。関数等式があってオイラー積はなくて、零点はリーマン予想を満たさない。というわけで、オイラー積が必須という結論になります。

黒川テンソル積という新兵器

第14章

今もっとも有望な方法論に迫る

小島 いよいよ仕上げとして、黒川先生の大発明である黒川テンソル積についてお聞きしたいと思います。$\mathbb{F}_1$スキームで、リーマン予想を攻略する、今もっとも有望な方法論だと思われています。コンヌによって研究が急激に進められているそうですね。できるかぎり読者がわかるように説明していただければ。

黒川 最初のアイディアを述べます。ドリーニュが多項式版、あるいは関数体版で、リーマン予想を証明したときの方法を使うというのが最初のアイディアです。あのときに必要だったのは有限体上だったので、有限体上のテンソル積というのをやっています。零点の実部について見ると、リーマンゼータの虚の零点だったら実部がいつも0と1の間にあるという、あまり難しくなく証明できることをゼータの族で一斉に証明しているんです。あとはそのテンソル積を使うと、たとえば、ρ_1とρ_2というのがあったら、その和もそういう条件を満たすということになる。ただちょっとずれて、実部が$\frac{1}{2}$と$\frac{3}{2}$の間になるとか、そういうことを証明している。そういうことをやっていくと、いまρ_1とρ_2が同じだったら、2倍のρの実部が$\frac{1}{2}$と$\frac{3}{2}$の間にあるということはρの実部が$\frac{1}{4}$と$\frac{3}{4}$の間にある。それを何回も繰り返すと、最後には実部が$\frac{1}{2}$になるということがわかるというのがトリックなんです。リーマンゼータの場合で

同じことをやりたいとなると、どうしてもテンソル積というのが必要なんですね。ただ $\mathbb{Z}$ 上のテンソル積は、いまの場合はまったく役に立たなくて、Spec $\mathbb{Z}$ というのを2つ以上持ってきて $\mathbb{Z}$ 上でテンソル積をとると Spec $\mathbb{Z}$ のままなんですね、何回とっても。$\mathbb{F}_p$ 上の場合だと $\mathbb{F}_p$ 上の曲線があって、もう1つそのものでもいいですが、テンソル積をとると $\mathbb{F}_p$ 上の曲面というのが出てきて次元が上がって行くわけですね。次元はテンソル積をとると足し算になるのでどんどん上がって行くというのがいいところです。それを整数の場合にやろうとすると、いわゆる $\mathbb{F}_1$ 上でつくるしかない。

$\mathbb{F}_1$ というのはそのころ、1980年代終わりにはできていなかったので、せめてゼータのほうだけを作ろうというのが最初のアイディアです。その構成はあまり難しくなくできて、その特殊な場合として三角関数で黒川テンソル積をどんどん作ると多重三角関数ができる。それはかなりいい性質を持って、しかも応用も効く。セルバーグゼータの関数等式のガンマ因子の計算に使えるとか、新谷予想や『クロネッカーの青春の夢』に対する計算にも使える。もともとはリーマン予想の話から来たんですが、期待としてはもちろんリーマン予想の証明にいってほしいですが、今までの成果としては、多重三角関数の応用というのでいろいろな成果があがっているというのが現状だと思います。

小島 『絶対数学』（黒川信重・小山信也著，日本評論社）をざっ

と読んだ感じの理解なんですけど、テンソル積って、一般には、何かの道具を多重化させる技術ですよね。ベクトル空間の線形写像を多重化させたりするのが典型的なものです。

その**ドリーニュ**の方法というのは、こんな感じですよね。たとえば、ある関数のパラメーターが0だと証明したいとする。最初は、そのパラメーターが−1と1の間としかわからない。ところがその関数を二重化しても、同じことがなりたつとわかるとする。二重化すると、パラメーターが2倍になる。パラメーターの2倍が−1と1の間にあることがわかるので、パラメーターは実は$-\frac{1}{2}$と$\frac{1}{2}$の間なんだとわかる。これを繰り返して、三重化、四重化、…とどんどん多重化していくと、パラメーターの入っている区間はどんどん0を夾んで短くなっていく。これがいつまでも成り立つためには、パラメーターは結局0でなければならない、ということがわかる。

この方法でドリーニュがリーマン予想の類似を証明した。黒川テンソル積は、このドリーニュの方法を、本家本元のリーマンゼータに対しても用いようという試みということですよね。

読者もご存じでありそうな、少しは見たことがあるかなという例を考えてみました。

同じものを2つ合わせただけにもかかわらず、次元の違うことになるという。例としては、**Γ関数を積分を実行して計算する**ものがあります。**ガウス積分**というやつかな（☞図解ガウ

図解 ドリーニュの方法のイメージ図

(1) $\theta = 0$ と示したい

(2) (ステップ1) $-1 \leq \theta \leq 1$ を示す

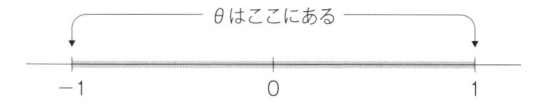

θ はここにある

(ステップ2) 2重化して、$-1 \leq \theta + \theta \leq 1$ を示す

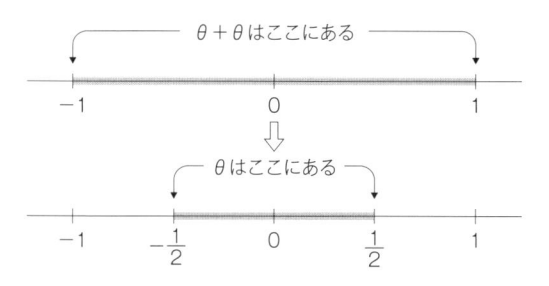

$\theta + \theta$ はここにある

⇩

θ はここにある

(ステップ3) 3重化して $-1 \leq \theta + \theta + \theta \leq 1$ を示す

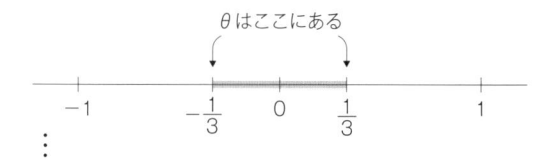

θ はここにある

⋮

(ステップ∞) $\theta = 0$ がいえる

θ はここにある

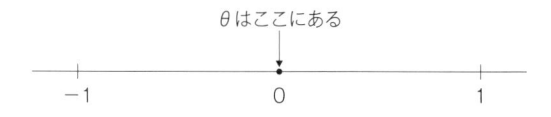

(解説:小島)

ス積分163ページ)。$\sqrt{\pi}$ というのが出てきます。正規分布の関数の係数に $\sqrt{\pi}$ が現れるあれです。正規分布の関数というのは、ネピア定数 e の指数を $-x^2$ にするやつですね($\exp(-x^2)$ というもの)。この関数を $-\infty$ から ∞ まで積分したいとします。でも、この積分はこのままでは計算できない。そこで、被積分関数の変数を y としただけの同じ積分をもう1つ用意する。具体的には、同じ e の指数が $-y^2$ を持ち出す。そして、それをもとの被積分関数に掛け算してくっつけて、二重積分を計算する。すると、不思議なことに、被積分関数の e の肩が $-(x^2+y^2)$ になる。この指数は円の方程式だから、積分領域を直線ではなく、円にしてしまうことができちゃう。そうするとなんか手品みたいなんだけど、次元が1次元から2次元に上がることによって計算しやすくなる。同じものを2つあわせても手間が二重になるだけで、なにも起こらないように見えるんだけど、実はそんなことはなく、意外なことに別空間、別次元を使うことができる。これとわりと似たような方法論に思えるのですが。

黒川 そうですね。同じものを2個並べただけだとあまり発展しないんですが、それをうまく合体させると、いまの積分の話だと、ふつうの xy 平面で二重積分をするというのを、極座標表示で積分するとうまく二重積分が求まって、もとのほしいガウス積分が求まる。実は、望月さんのアイディアはそれなんです。

図解 ガウス積分

(1) $f(x) = e^{-x^2}$ の $-\infty$ から $+\infty$ までの面積 I を計算したい

$$\left(I = \int_{-\infty}^{\infty} e^{-x^2} dx\right)$$

(2) x を y に変えて $g(y) = e^{-y^2}$ を作る

変数の違いだけだから $-\infty$ から $+\infty$ までの面積は同じ I

$$\left(I = \int_{-\infty}^{\infty} e^{-y^2} dy\right)$$

(3) (1)と(2)を掛け算する

$I \times I$
$= [e^{-x^2}$ の $-\infty$ から $+\infty$ までの面積 $] \times [e^{-y^2}$ の $-\infty$ から $+\infty$ までの面積 $]$

すると、右辺は、

$[e^{-x^2} \times e^{-y^2}$ の全平面での体積 $]$
$\left(I^2 = \iint e^{-x^2} e^{-y^2} dxdy\right)$

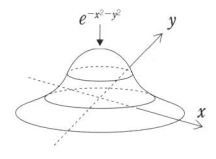

と同じものになる

(4) $I \times I = [e^{-(x^2+y^2)}$ の全平面の体積$]$ は

$x^2 + y^2 \leq$ (一定値 r)

が円板であることから簡単に計算できる。

$I^2 = \pi$ から $I = \sqrt{\pi}$ と求まる。

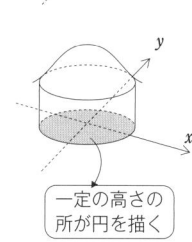

一定の高さの所が円を描く

詳しくは、小島寛之『ゼロから学ぶ微分積分』
(講談社)をご覧ください。

(解説：小島)

小島 そうなんですか！それは驚きです！

黒川 望月さんは本体四部作にも書いているし、それを説明した京都講演に基づく解説論文でも強調しているんですが、ガウス積分を2通りに計算して求めるということの類似をやっているんだ、というのが彼の説明なんです。

小島 それはとても奇遇です（笑い）。

黒川 それは小島さんの言われる通りです。ただ、望月さんはそう言ってくれるんですが、ふつうの人にはなかなか理解できない、というところがなさけないんですが。たしかに、縦横の矢印の列で格子が出てくるんですね。格子の交点のところにあるのが各宇宙 Universe なんです。無限個の宇宙が出てくるんですが、そこで何かの積分をとる操作をするはずなんです。それだけだと縦と横のふつうの二重積分にあたるんですが、それを極座標表示に直して積分にあたることをする。それがどうもエタール幾何らしいです。それで話がうまくいくというのが望月さんのアイディアのようです。

小島 そうは見えないと。

黒川 そうは見えないというかそれが理解できない。望月さんの場合は、こう説明してやると皆さんがよくわかるだろうといってやってくれるんですが、どうもそうではない…。ただ最終的にはそのとおりのようで、一方向だけだとなかなかうまくいかないんだけど、二方向にしてなにかをやって結論を出そう

という考えです。

解決目前か？

小島　コンヌがいま突き進んでいる状態っていうのはどのあたりまできているんですか？ 何合目くらいでしょうか。

黒川　$\mathbb{F}_1$ 上のスキーム論というのがほぼできている。グロタンディークがやろうとした $\mathbb{Z}$ 上のスキームの類似物はできている。ちゃんと論文も出ている。$\mathbb{F}_1$ 上のスキームのゼータの計算も終わっている。それはネータースキーム、つまり有限次元 $\mathbb{F}_1$ スキームというやつですが、ゼータ関数の計算もコンヌさんとコンサニさんの共同研究で 2011 年に論文が出て終わっています。それが基本的にある非常に簡単な $\mathbb{F}_1$ 上の $GL(1)$ というもの、群スキームの一番簡単なものですが、そのゼータの黒川テンソル積ですべて書けてしまうというのが結論です。だから残っていることとしては、有限次元性を取り除きたいというところですね。たとえば、$\mathrm{Spec}\,\mathbb{Z}$ (☞ 図解 スペックゼット 71 ページ) というのを $\mathrm{Spec}\,\mathbb{F}_1$ 上で見ると、無限次元なんです。だからリーマンゼータをとりこもうとすると、有限次元性をとりのぞいて処理しないといけない。いずれにしてもどこかで無限次元的なことを扱わないといけないという局面ですね。

小島　最後の段階の一歩手前みたいな？

黒川 そうですね、ただできることはわかるというか、できないことではないという局面だと思います。

小島 困難な道ではないという？

黒川 それなりに難しいけど見通しが立っています。F_1 スキームが有限次元の場合は全部リーマン予想まで確認されている。すべての F_1 スキームを無限次元の場合もいれてゼータを計算すれば話は終わるという段階です。この前小島さんと話していたころは、F_1 スキームが有限次元でも計算がまだ終わっていなかったという段階なので、それよりはかなり進歩しています。

小島 黒川テンソル積を発明者ご本人にお聞きしたいんですが、定義だけ見るとそんなに難しくはない。本に上手にお書きだからそうなのかもしれませんが、零点同士を足し算したものを x から引いてわーっと掛け合わせるみたいな感じになっています。でもそれ以前はなかなか発想がなされなかったわけですよね、黒川先生までは。その辺の事情というのは、本にもお書きですが、指数を 1 にするか -1 にするかというところのやり方がポイントだということですが、ふつうにやってしまうと極が無限個になってしまってということをお書きです。その辺の発想、あれを発明する、開発するにいたった先生の試行錯誤の過程みたいのをお聞かせください。

黒川 最後の局面はテクニカルなんですよね。素直に零点とか極を 2 個足して、その組み合わせ全体の無限積をとると、たち

まち発散しちゃうんです。適当な組み合わせをとって素直に掛けてもあんまりいいものが出てこなくて、べき、符号を適当に散らさないといけないというところで、最後に決め手になったのはさっきの三角関数、sin関数を2個テンソルしたときに出てくる二重三角関数ですね。それはまた微分方程式を満たすということをやってみると、その符号条件というのがうまく効いてくるんですね。その場合じゃないとうまくいかないので、その組み合わせになったというところですね。

小島 最初はゼータとは関係なく、sinの多重化というのを独立して研究されていて、そのアイディアが結び付いた？

黒川 目的はゼータ一般の多重化をやっていたんですが、符号条件をいれるときはsinを使って確かめるということでやったのです。

小島 なるほど。先ほどおっしゃっていたsinとゼータのある種の類似性、兄弟みたいな関係で行ったり来たりしてうまくいったということなんですね。

解説 黒川テンソル積

　ゼータ関数の零点による1次式への分解を多重化したものが黒川テンソル積（Kurokawa tensor product）である。それは、2重化を例にとると、零点2個の組ごとに和をとったものを新たな零点とする解析関数を構成することであり、実際には、組全体ではなく、虚部の符号の同じものに限定し、さらに、零点だけではなく極にも割り振る、というような修正が必要である。すると、上手く収束して、良い性質を満たす無限積ができる。

　このような新しいゼータ関数の構成法は、ドリーニュによる合同ゼータ関数のリーマン予想の証明のアイディア（有限体上のテンソル積）をリーマンゼータ関数などへも一般化しようとするものであり、一元体上のテンソル積（絶対テンソル積）をゼータ関数レベルで実現したものと考えられている。実際に、2011年の論文において、コンヌとコンサニは、絶対ゼータ関数（一元体上のゼータ関数）が黒川テンソル積によって明示できることを証明した。とくに、絶対ゼータ関数がリーマン予想を満たすことが導かれる。これは、一般のリーマン予想を絶対ゼータ関数のリーマン予想に帰着させて解決する、という絶対数学の構想実現への大きな一歩である。

　黒川テンソル積の方法は、その適用範囲はゼータ関数にとどまらず、たとえば、三角関数から黒川テンソル積を作ると、多重三角関数が得られて、セルバーグゼータ関数の関数等式にあらわれる高次ガンマ因子の計算や『クロネッカーの青春の夢』の研究等に広範に用いられている。多重三角関数は、新たな特殊関数の発見・研究が21世紀の現代においても可能であることを示すものである。

# 第15章

アインシュタインの奇跡の年、
黒川の奇跡の年

黒川 1つ、話をでっちあげていいですか。数論は、物理の100年遅れているという話をしたいんです。それは1905年にアインシュタインの奇跡の年というのがあって、相対性理論、光量子論、ブラウン運動と3つ偉大な論文を書いているんです。それから100年して2005年で、数論でなにが起きたかというと、絶対ゼータ関数の論文が出たんですよ。それは本当は2004年にスーレっていう人がF_1上のゼータの論文を書いて、2005年にぼくが書いて、2006年にダイトマーが書いて、その3つで一応F_1のゼータの計算が始まって、2010年の論文と2011年の論文をコンヌとコンサニが書いて、そこでF_1上のスキームの少なくとも有限次元の場合はゼータの計算は終わったという状態になっています。

それはアインシュタインのほうとどう関係するかというと、アインシュタインのブラウン運動を除くと、光量子論と相対性理論というのは光子の話なんですね。光子っていうのはもちろん素粒子の一種で質量0、大きさがないので、相対性理論によると光速度で一定で進むわけですね。質量があるともっと遅くなるわけですよね。片方は量子論で、もう1つは特殊相対性理論なのであまり結びつけないんですが、光子の話からすると非常に深く結びついているんです。相対性理論というのはむしろ中身からすると光速絶対論なわけです。光速だけはいつでも一定であるということから、特殊相対性理論が全部出るわけです。

どんな状態でも、だれかが走って前に光を出したとしても、その光が行く速度は、走っている人の速さでやっても足し算にならない、光速は一定ということからすべてが出てくるわけですね。素粒子論でいうと、もともと原子というのがあって原子は陽子と中性子と電子くらいから成っているわけですね。まあ個数のバランスはいろいろありますが。原子は100個くらい見つかっているんですね。素粒子も、陽子・中性子・電子という3種類と光子も見つかりました。今はもっともっと見つかっています。

電子は軽いけど質量があって、陽子と中性子は同じくらいですかね。電子の1800倍くらい、その1800という数は、より正確には$6\pi^5$くらいになりますが、その3つの素粒子は質量がある。数論との関係で言うと、原子というのは素数に当たるわけです。2とか3とか5とか。それは質量・大きさがあるんですよね。それがいろいろな原子に対応すると思われるんです。

そうすると、この類似において、光子というのは何に対応するかと考えると、$\mathbb{F}_1$に対応するんですね。素数ごとに$\mathbb{F}_p$というのがあって、それの対応物が原子、$\mathbb{F}_p$のゼータというのが$1-p^{-s}$とかで、それを無限個数掛けます。各々に大きさ・質量がある。オイラー因子というのは$1-(ノルムP)^{-s}$とかです。$(ノルムP)$というのは一般化された素数Pの大きさですが、それがふつうはいつでも1より大きいのだけを考えてやってい

るわけです。その意味だとノルムが1の場合を考えているのが$\mathbb{F}_1$なわけです。それは素粒子論のほうでいうと、光子に当たることを考えているんです。質量がない。絶対数学っていうのは、光子絶対論というのを思い浮かべてもらうと、数学と物理の類似としては非常にわかりやすいのではないかと思います。

小島 100年経って数論でそういう論文が出たという意味で、100年遅れているということですね。

黒川 今年2013年ですけど、100年前、物理でなにがあったかというと、1913年はニールス・ボーアが水素原子のバルマー系列というのを解読しました。バルマーさんは1885年頃、中学の先生をやっていて水素のスペクトルについて、平方数の逆数の差で表せるという規則性を見つけたんですね。それをボーアは初期量子論という、ちょっといい加減なところもある仮定をいろいろおいた話によって、まがりなりにも説明したというのが1913年の論文でした。いわゆる量子力学の最初の論文と思われているわけです。100年遅れているという意味だと、今年出さないといけない。

小島 それに値するんですね。

黒川 ということでプレッシャーを。

小島 そういう縁起を担ぐ、というのも励みになっていいですね。

黒川 光子と$\mathbb{F}_1$というのはさっき気づいたので。

小島 似ているなあと？

黒川 そうですね。

小島 それは新しいネタということですね。

黒川 考えてみると、イメージとしては非常に正しいと思います。素数の話というのはオイラー積になるんですけど、F_1上だとオイラー積にあたるのはないんです。オイラー積をもっと分解した話になるわけです。

小島 pを1に近づける極限というのはそのことなんですか？

黒川 そうですね。半径いくつかの円というのが素数だとすると、長さが$\log p$の円がF_pにあたるんですね、ゼータからすると。pが1にいくというのは、この輪っかが1点に収束する極限なんです。それがF_1です。合同ゼータというF_p上のゼータがあると、形式的にpを1にやることによってF_1上のゼータが出るということになっているわけです。ただそれはうまくできる場合とできない場合があったので、最終的にはコンヌとコンサニはF_1上のゼータの2つ目の定式化を出し計算をしたというわけです。

小島 黒川先生がおっしゃっているのは、単に数学が物理から遅れている、ということじゃないんですよね。アインシュタインの奇跡の年が1905年にあった。まあ、大げさにいうと革命ですね。そして、リーマン予想については、それから100年経った2005年に革命が起きた。いや、これが革命になるように、

これから $\mathbb{F}_1$ 理論を高めていかないといけないですね。あと 20 年くらい経ったら、2005 年と 2013 年が数学界の革命の年だったと、語られていることを期待します。そうなれば、本書は予言の本になるし。その頃には、また新しい数学の息吹が出てきてるんでしょうね。そういう想像をするだけでワクワクしてしまいます。黒川先生には、ぜひこの想像を現実のものにしていただくよう、がんばって欲しいです。ありがとうございました。

〈終わり〉

付録　空間と環

　ここでは、空間と環の対応について解説します。とくに、コンパクト位相空間は、その上の連続関数環で決定・再現できるというゲルファント・シロフの定理（1940年頃）の証明を見ます。ゲルファントとシロフの観点は解析的でしたが、代数的な視点から解説し、スキームに触れます。また、深く関連するものとして、ゼータ関数、選択公理、超準構成、絶対スキームなどにも触れています。これらは、一か所にまとまった記述を見かけません（しかも、それぞれの分野 —— 超準解析・モデル理論・関数解析・数論など ——で、全く別の取り扱いになっています）ので、便利でしょう。特に極大イデアルの重要性に注目してください。

1 位相空間

　位相空間とは集合Xとその上の"位相"の組です。"位相"を与える方法にはいくつかありますが、基本は

$$\boxed{\text{閉集合全体を与える}}$$

あるいは

$$\boxed{\text{開集合全体を与える}}$$

です。要するに、Xの各部分集合Sに対して、Sが閉集合（あるいは、開集合）かどうかを指定すると、位相が定まるというわけです。ここでは閉集合を与えるやり方を主に使います。

　なお、閉集合が定まると、開集合は閉集合の補集合として決まります。つまり、

$$S \subset X : \text{開集合} \underset{\text{定義}}{\Leftrightarrow} X - S : \text{閉集合}$$

です。これは、開集合を先に与えたときでも同じことで

$$S \subset X : \text{閉集合} \underset{\text{定義}}{\Leftrightarrow} X - S : \text{開集合}$$

というふうに閉集合が決まります。

ただし、「閉集合全体」——以下では「閉集合系」と呼びます——として、部分集合からどんなものでも勝手に選んでよいというわけではありません。次の条件を満たすものだけを考えます。

閉集合系 $\mathbb{V}$ の条件

(1) 全体 X と空集合 ϕ は $\mathbb{V}$ に属する。

(2) $V_1, \cdots, V_n \in \mathbb{V}$ ならば合併 $V_1 \cup \cdots \cup V_n$ も $\mathbb{V}$ に属する。

(3) $V_\lambda \in \mathbb{V}\,(\lambda \in \Lambda)$ ならば共通部分 $\bigcap_{\lambda \in \Lambda} V_\lambda$ も $\mathbb{V}$ に属する。ここで、Λ は任意の集合でよい。

要点は、(2) では有限個のみ、(3) では無限個でもよいという点です。とくに $\bigcup_{\lambda \in \Lambda} V_\lambda$ は $\mathbb{V}$ に属する（つまり、閉集合）とは限らないことに注意してください。

念のため、開集合系の条件も書いておきましょう。

開集合系 $\mathbb{O}$ の条件

(1) 全体 X と空集合 ϕ は $\mathbb{O}$ に属する。

(2) $U_1, \cdots, U_n \in \mathbb{O}$ ならば共通部分 $U_1 \cap \cdots \cap U_n \in \mathbb{O}$.

(3) $U_\lambda \in \mathbb{O}\,(\lambda \in \Lambda)$ ならば合併 $\bigcup_{\lambda \in \Lambda} U_\lambda \in \mathbb{O}$.

閉集合系の条件と比較すると"双対的"になっていることが見えるでしょう。補集合に移ると、「合併⇔共通部分」という入れ換えが起きています。とくに、$\cap_{\lambda \in \Lambda} U_\lambda$ が O に属する（つまり開集合）とは限らないことに注意してください。

位相空間論は、上記の位相の条件のみから出発して構築された理論です。はじめの集合は何でもよいので、たとえば n 点集合 $X = \{x_1, \cdots x_n\}$ に対して、どのくらい位相が入るのか考えてみるとよい練習になるでしょう。さらに、どんな集合 X にでも使える2つの両極端な位相がありますので、書いておきましょう：

離散位相 (discrete topology) $\mathbb{V} = \{X\text{のすべての部分集合}\}$.
密着集合 (trivial topology) $\mathbb{V} = \{X, \phi\}$.

この2つが閉集合系の条件を満たすことはすぐにわかります。離散位相は「最強位相」、密着位相は「最弱位相」とも呼ばれます。位相空間 $(X, \mathbb{V})$ は、ある集合 X に数学的構造を導入するという考え方の典型例です。

位相空間のさまざまな性質について詳しく述べることはできませんので、適当な教科書を読んでください。ふつうは『集合と位相』などのタイトルの教科書が多いでしょう。なお、『位相幾何学』や『トポロジー』の本は、位相（トポロジー、topology）の学習によいものと題名からよく誤解されるのですが、位相の入門には不適です。そのような進んだ本は、しばらく後に読むのが適切です。

2 環

環は集合に2つの演算 + (和) と・(積) が入った代数系です。ふつうの『代数学』というタイトルの教科書では、まず、群（集合に

1つの演算・("積") が入った代数系）が第1章にあって、第2章が環になっているものが多いでしょう。どんな『代数学』の教科書でも、環の話は出ていますので、それを読んでいただければ十分ですが、要点を書いておきましょう。

> **環の条件**
> 　集合Rに演算$+$、$\cdot$が入っていて、次を満たす。
> (1) $(R, +)$ は可換な加法群.
> (2) $(R, \cdot)$ はモノイド（単位元をもつ半群）.
> (3) 分配法則をみたす。

各項目 (1)、(2)、(3) は詳しくは次のようになっています。

(1) $0 \in R$ があって、次を満たす。
- (1a) $(a+b)+c = a+(b+c)$ 　［結合法則］
- (1b) $a+b = b+a$ 　［可換性］
- (1c) $a+0 = a = 0+a$ 　［零元］
- (1d) 各 $a \in R$ に対して
  $a+b = 0 = b+a$
  を満たす b が存在する。

（[(1d)] における b はただ1つに定まって、$-a$と書く)」

(2) $1 \in R$ があって、次を満たす。
- (2a) $(a \cdot b) \cdot c = a \cdot (b \cdot c)$ 　［結合法則］
- (2b) $a \cdot 1 = a = 1 \cdot a$ 　［単位元］

(3)
$$\begin{cases} a \cdot (b + c) = (a \cdot b) + (a \cdot c). \\ (a + b) \cdot c = (a \cdot c) + (b \cdot c). \end{cases}$$ ［分配法則］

最も基本的な環の例は

$$\mathbb{Z} = \{0, \pm 1, \pm 2, \cdots\cdots\}$$

に通常の和と積を入れた整数環$\mathbb{Z}$——詳しく書くと$(\mathbb{Z}, +, \cdot)$——です。なお、$\mathbb{Z}$は加法群$(\mathbb{Z}, +)$やモノイド$(\mathbb{Z}, \cdot)$などにも使われていますので、出てくる場面ごとに注意が必要です。

たとえば、群として考えているときには$(\mathbb{Z}, +)$ですので、基本的には、通常の積演算は入れてありません。また、モノイド$(\mathbb{Z}, \cdot)$として考えているときには、通常の和演算は考えていません。そこに注意しないと教科書の記述を誤解することがしばしばあります。要するに、仮定に素直に従うことが大切です。これは環$(R, +, \cdot)$や群$(G, \cdot)$というようにいったん演算が与えられてしまってからは、毎回、環$(R, +, \cdot)$や群$(G, \cdot)$のように書くのがわずらわしくなり、環Rや群Gで済ますという風習からきています。

3 イデアル

これからは、簡単のために、可換環$(R, +, \cdot)$のみを考えます。可換環とは、「$a \cdot b = b \cdot a$」が成立する環のことです。環Rのイデアル（ideal）がこれからの話で重要です。さらに、素イデアル（prime ideal）と極大イデアル（maximal ideal）が必要です。定義を列挙しておきましょう。これはRの特別な部分集合Iについての

話です。

$$I \subset R : \text{イデアル} \underset{\text{定義}}{\Leftrightarrow} \begin{cases} (1)\ I \text{は加法群：つまり、} x,y \in I \text{なら} x \pm y \in I. \\ (2)\ a \in R,\ x \in I \text{に対して} ax \in I. \end{cases}$$

$$\begin{aligned} I \subsetneq R : \text{素イデアル} \quad &\underset{\text{定義}}{\Leftrightarrow} \text{『} a,b \in R \text{ が } ab \in I \text{ を満たすならば} \\ &\qquad a \text{ または } b \text{ は } I \text{ の元』} \\ &\underset{\text{対偶}}{\Leftrightarrow} \text{『} a,b \notin I \text{ なら } ab \notin I \text{』} \\ &\Leftrightarrow R/I : \text{整域 ［零元をもたない］}. \end{aligned}$$

$$\begin{aligned} I \subsetneq R : \text{極大イデアル} &\underset{\text{定義}}{\Leftrightarrow} I \subsetneq J \subsetneq R \text{ となるイデアル } J \text{ は存在しない} \\ &\Leftrightarrow R/I \text{ は体 ［0でない元は積に関して逆元をもつ］}. \end{aligned}$$

ここで

$$R/I = \{\overline{a} = a \bmod I \mid a \in R\}$$

は環 R をイデアル I で割って得られる剰余環です。剰余環 R/I は $\bmod I$ で R の元を見たもので、演算は

$$\overline{a} + \overline{b} = \overline{a+b}$$
$$\overline{a} \cdot \overline{b} = \overline{a \cdot b}$$

によって入れています。とくに、R を極大イデアル I で割ると、体 R/I が得られることは重要な点で、この解説でも何度も使われます（ゲルファント・シロフの定理の証明、超準体の構成など）。

> **剰余体の例**
>
> p が素数のとき、$(p) = p\mathbb{Z} = \{0, \pm p, \pm 2p, \cdots\}$ は $\mathbb{Z}$ の極大イデアルであり、剰余体
>
> $$\mathbb{Z}/(p) = \mathbb{F}_p = \{\overline{0}, \overline{1}, \cdots, \overline{p-1}\}$$
>
> は p 元体と呼ばれます。

環から空間を構成する基本は、スペクトルと極大スペクトルを考えることです。環 R のスペクトル (spectrum) を

$$\mathrm{Spec}\,(R) = \{R \text{の素イデアル全体}\}$$

と定め、極大スペクトル (maximal spectrum) を

$$\mathrm{Specm}\,(R) = \{R \text{の極大イデアル}\}$$

と定めます。極大イデアルは素イデアルです (体は整域) ので、$\mathrm{Specm}\,(R)$ は $\mathrm{Spec}\,(R)$ の部分集合です。これらは、スキーム (scheme, 概型) と呼ばれるものの基本となるものですが、むしろ最初は、スペクトルをスキームと同一視して考えると理解しやすいでしょう。

最初の定理は、空でないことをいっている重要なもので、選択公理から出ます (同等と思ってよいです)。空間が空でないことを保証しています。

<u>定理1</u>　$\mathrm{Specm}\,(R) \neq \phi$.
<u>系</u>　$\mathrm{Spec}\,(R) \neq \phi$.

これらは、どんな可換環の場合でも成立する結果ですが、具体的

な極大イデアル（素イデアル）を例示することは —— 一般の可換環では —— 非常に困難であり、選択公理（ツォルンの補題）が必要になります。

定理1の証明

一般に ☆ $\boxed{I \subsetneq R \text{イデアルに対して、} I \subset J \subsetneq R \text{となる極大イデアル} J \text{が存在する}}$

ということを、選択公理（ツォルンの補題）を用いて証明します。定理1のためには、上の☆を $I = \{0\}$ に対して使えば、<u>極大イデアル J が存在する</u>ということができます。したがって、

$$\phi \neq \mathrm{Specm}(R) \subset \mathrm{Spec}(R)$$

がわかります。

さて、☆の証明は、次のようにします。いま

$$\underline{I} = \{J \mid I \subset J \subsetneq R \quad \text{イデアル}\}$$

とおきます。$\underline{I} \ni I$ なので $\underline{I} \neq \phi$ です。さらに、<u>$\underline{I}$ は帰納的順序集合</u>です。ただし、$\underline{I}$ の順序は

$$J_1 \leq J_2 \quad \Leftrightarrow \quad J_1 \subset J_2$$

によって入れます。$\underline{I}$ が帰納的順序集合とは、<mark>$\underline{I}$ の任意の全順序部分集合 $\{J_\lambda \mid \lambda \in \Lambda\}$ が上に有界</mark>、つまり、すべての J_λ に対して $J_\lambda \subset J_0$ が成り立っているような $J_0 \in \underline{I}$ が存在する、ということです。帰納的順序集合という名前は難しそうですが、選択公理・ツォルンの補題を使う際には必須です。『集合と位相』などの教科書の

「集合」のところを見てください。実際、

$$J_0 = \bigcup_{\lambda \in \Lambda} J_\lambda$$

とおくとよいことがわかります。すなわち

$\begin{cases} (1)\ J_\lambda \subset J_0 (\lambda \in \Lambda)\ \text{をみたすこと.} \\ (2)\ J_0 \text{がイデアルであること.} \\ (3)\ I \subset J_0 \subsetneq R \text{をみたすこと.} \end{cases}$

が成り立つことがわかります。まず、(1) は

$$J_0 = \bigcup_{\lambda \in \Lambda} J_\lambda \supset J_\lambda$$

より成立します。次に (2) には $\{J_\lambda \mid \lambda \in \Lambda\}$ が全順序集合であることを使います。いま、$x, y \in J_0$ とすると $x \in J_\lambda$、$y \in J_\mu$ となる λ, μ がとれます。さらに、全順序集合ですから、$J_\lambda \subset J_\mu$ あるいは $J_\mu \subset J_\lambda$ が成立します。

いずれにしても、その大きいほうを J_ν とすると、$x, y \in J_\nu$ が成立します。したがって、$x \pm y \in J_\nu \subset J_0$ です。よって、$x \pm y \in J_0$ です。また、$x \in J_0$、$a \in R$ に対して、$x \in J_\lambda$ となる λ をとると、$ax \in J_\lambda \subset J_0$ より $ax \in J_0$ です。これで、J_0 がイデアルであることがわかりました。

最後に (3) を見ましょう。$I \subset J_0$ は問題ありません。$J_0 \subsetneq R$ を示すには背理法を使います。もし、$J_0 = R$ だったとすると、

$$1 \in J_0 = \bigcup_{\lambda \in \Lambda} J_\lambda$$

が成立します。すると、$1 \in J_\lambda$ となる $\lambda \in \Lambda$ が存在することになります。このとき $J_\lambda = R$ となって矛盾します。したがって、$J_0 \subsetneq R$ で

す。これで $\underset{\sim}{I}$ が帰納的順序集合であることがわかりました。

さて、選択公理・ツォルンの補題から帰納的順序集合 $\underset{\sim}{I}$ には極大元が存在します。それを J_* とすると、J_* は

$$I \subset J_* \subsetneq R$$

をみたす極大イデアルであることを示すことができます。まず、J_* が

$$I \subset J_* \subsetneq R$$

をみたすことは、$J_* \in \underset{\sim}{I}$ からわかります。次に、J_* が極大イデアルであることを示すには、背理法を使います。もし、J_* が極大イデアルでないと仮定すると、

$$J_* \subsetneq J^* \subsetneq R$$

となるイデアル J^* が存在します。当然

$$I \subset J^* \subsetneq R$$

もみたしていますので、$J^* \in \underset{\sim}{I}$ であり、しかも、$J_* \subsetneq J^*$ となっていることになります。これは、J_* が $\underset{\sim}{I}$ の極大元であることに矛盾します。したがって、背理法から J_* は極大イデアルです。

[定理1の証明終]

4 スキームと位相

可換環 R に対してスペクトル

$$\mathrm{Spec}\,(R) \supset \mathrm{Specm}\,(R)$$

に位相をいれたものをスキームといいます。より一般的に、このようなSpec（R）を貼り合わせて得られるものも（一般）スキームといいます（さらに、「層」という構造も導入できます）。

ユークリッド空間を貼り合わせて多様体ができる、ということを知っている人には、次のように対比するとわかりやすいでしょう

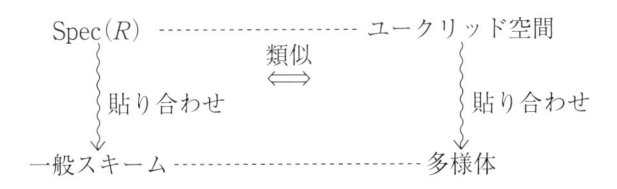

```
Spec(R) ------------------------ ユークリッド空間
   ⎰                類似              ⎰
   ⎱貼り合わせ      ⟺              ⎱貼り合わせ
   ↓                                  ↓
一般スキーム ---------------------- 多様体
```

スキームの位相

ここでは、あとで使うことを考えて、Specm（R）の場合のみ話すことにします（Spec（R）でも同様です）。

可換環Rに対して、$X=$Specm（R）とし、Xに位相を、閉集合系Vを次のように定めることによって導入します：

$$V = \{V(I) \mid I \subset R \text{イデアル}\}.$$

ここで、イデアルIに対して、

$$V(I) = \{J \in X \mid J \supset I\}$$

です。

<u>定理2</u>　Vは閉集合系の条件をみたす。

証明 示すことは

$$\begin{cases} (1) \ X, \phi が \mathrm{V} に属すること. \\ (2) \ V(I_1) \cup \cdots \cup V(I_n) \ が \mathrm{V} に属すること. \\ (3) \ \bigcap_{\lambda \in \Lambda} V(I_\lambda) \ が \mathrm{V} に属すること. \end{cases}$$

です。Vに属することを示すのは、$V(I)$ の形に表示できることをいえばいいわけです。すると、上の (1) (2) (3) は

$$\begin{cases} (1^*) \ X = V(0), \ \phi = V(R) \\ (2^*) \ V(I_1) \cup \cdots \cup V(I_n) = V(I_1 \cap \cdots \cap I_n) \\ (3^*) \ \bigcup_{\lambda \in \Lambda} V(I_\lambda) = V(\sum_{\lambda \in \Lambda} I_\lambda) \end{cases}$$

を示すことに帰着されます。

実は、この中で難しいのは (2^*) です。

まず、(1^*) は

$$V(0) = \{J \in X \mid J \supset 0\} = X,$$
$$V(R) = \{J \in X \mid J \supset R\} = \phi$$

となってわかります。次に (3^*) は

$$J \in \bigcap_{\lambda \in \Lambda} V(I_\lambda) \Leftrightarrow J \in V(I_\lambda) \ がすべての \lambda \in \Lambda に対して成立$$
$$\Leftrightarrow J \supset I_\lambda がすべての \lambda \in \Lambda に対して成立$$
$$\Leftrightarrow J \supset \sum_{\lambda \in \Lambda} I_\lambda$$
$$\Leftrightarrow J \in V(\sum_{\lambda \in \Lambda} I_\lambda)$$

となって、

$$\bigcap_{\lambda \in \Lambda} V(I_\lambda) = V(\sum_{\lambda \in \Lambda} I_\lambda)$$

がわかります。なお、$\sum_{\lambda \in \Lambda} I_\lambda$ は

$$\sum_{\lambda \in \Lambda} I_\lambda = \{\sum_{\lambda \in \Lambda} a_\lambda \mid a_\lambda \in I_\lambda, \ 有限個の\lambda を除いて a_\lambda = 0\}$$

というRのイデアルです。最後に、(2^*)には

『$J \supset I_j$となるjが存在$\Leftrightarrow J \supset I_1 \cap \cdots \cap I_n$』

を示せばよいのです。

$\Rightarrow$はあたりまえに成立します。

$\Leftarrow$は対偶によって『$J \not\supset I_1, \cdots, I_n$ならば$J \not\supset I_1 \cap \cdots \cap I_n$』

を示すことになります。そこで、各$j = 1, \cdots, n$に対して

$$a_j \in I_j, \ a_j \notin J$$

となるa_jをとります（$J \not\supset I_j$なので存在します）。すると

$$\begin{cases} ① & a_1 \cdots a_n \in I_1 \cap \cdots \cap I_n \\ ② & a_1 \cdots a_n \notin J \end{cases}$$

となり、$J \not\supset I_1 \cap \cdots \cap I_n$がわかります。①は$I_1, \cdots, I_n$がイデアルなので成立します。②は$J$が素イデアル（極大イデアルは素イデアルです）なので成立します。

[定理2の証明終]

なお、定理2を開集合系$\mathbb{O}$にして書きなおすと次のようになります：

$$\mathbb{O} = \{U(I) \mid I \subset R \ \ イデアル\},$$
$$U(I) = \{J \in X \mid J \not\supset I\}.$$

すると、$\mathbb{O}$は開集合系の条件をみたすということが証明されます。

ところで、定理2によって導入される位相の名前は、ストーン位相、ジャコブソン位相、ザリスキ位相などとさまざまな呼ばれ方をしています。ストーン（Stone）もジャコブソン（Jacobson）もザ

リスキ（Zariski）も、各分野で有名な研究者で、ほぼ1940年代にこの順に研究しています。これも、現代数学の分野ごとの垣根の高さと風通しの悪さの反映です。

位相空間Specm（R）については次が基本的です。

<u>定理3</u>　Specm（R）はコンパクト位相空間．

証明

閉集合系の言葉で「コンパクト」とは

『$\bigcap_{\lambda \in \Lambda} V_\lambda = \phi$なら、$V_{\lambda_1} \cap \cdots \cap V_{\lambda_n} = \phi$となる$V_{\lambda_1}, \cdots, V_{\lambda_n}$が存在する』

となります。ちなみに、開集合系の言葉で「コンパクト」を書くと

『$\bigcup_{\lambda \in \Lambda} U_\lambda = X$なら、$U_{\lambda_1} \cup \cdots \cup U_{\lambda_n} = X$となる$U_{\lambda_1}, \cdots, U_{\lambda_n}$が存在する』

となります。こちらのほうが慣れている人が多いかもしれません。

さて、$V_\lambda = V(I_\lambda)$とおくと

$$\bigcap_{\lambda \in \Lambda} V_\lambda = V(\sum_{\lambda \in \Lambda} I_\lambda)$$

ですから、

$\bigcap_{\lambda \in \Lambda} V_\lambda = \phi \Leftrightarrow V(\sum_{\lambda \in \Lambda} I_\lambda) = \phi$

$\Leftrightarrow \sum_{\lambda \in \Lambda} I_\lambda = R$　　[定理1の証明☆]

$\Leftrightarrow 1 \in \sum_{\lambda \in \Lambda} I_\lambda$

$\Leftrightarrow 1 = a_1 + \cdots + a_n$となる$a_j \in I_{\lambda_j}$（$j = 1, \cdots, n$）が存在，

となります。このとき$\sum_j I_{\lambda_j} = R$ですので

$$V(I_{\lambda_1}) \cap \cdots \cap V(I_{\lambda_n}) = V(\sum_j I_{\lambda_j}) = V(R) = \phi$$

となります。

［定理3の証明終］

スペクトルの計算例をいくつか挙げます。いずれも、閉集合は『有限集合あるいは全体』となっています（なお、コンパクト位相空間でも、まだ分離性・ハウスドルフ性が出ていません）。

|例1|

$\mathrm{Specm}\ (\mathbb{Z}) = \{(2),\ (3),\ (5),\ (7),\ (11),\ (13),\ (17),\cdots\}$
　∩
$\mathrm{Spec}\ (\mathbb{Z}) = \{(0),\ (2),\ (3),\ (5),\ (7),\ (11),\ (13),\cdots\}$

|例2|

$\mathrm{Specm}\ (\mathbb{C}^n) = \mathrm{Spec}\ (\mathbb{C}^n) = \{I_1,\cdots,I_n\}$

$I_j = \mathbb{C} \times \cdots \times \mathbb{C} \times 0 \times \mathbb{C} \times \cdots \times \mathbb{C}$：$j$成分は$0$.

この証明は[7]で扱うゲルファント・シロフの定理の特別の場合を見てください。

|例3|

$\mathrm{Specm}\ (\mathbb{C}[T]) = \{(T-\alpha) \mid \alpha \in \mathbb{C}\} \xleftrightarrow{1:1} \mathbb{C}$
　∩　　　　　　　　　　　　　∪　　　　　　　∪
　　　　　　　　　　　　　$(T-\alpha) \longleftrightarrow \alpha$
$\mathrm{Spec}\ (\mathbb{C}[T]) = \mathrm{Specm}\ (\mathbb{C}[T]) \cup \{(0)\}.$

|例4|

$\mathrm{Specm}\ (\mathbb{R}[T]) = \{(T-a) \mid a \in \mathbb{R}\} \cup \left\{(T^2 - aT + b) \,\middle|\, \begin{matrix} a,b \in \mathbb{R} \\ a^2 - 4b < 0 \end{matrix} \right\}$
　∩　　　　　$\xleftrightarrow{1:1} \{\alpha \in \mathbb{C} \mid \mathrm{Im}\ (\alpha) \geq 0\}$
$\mathrm{Spec}\ (\mathbb{R}[T]) = \mathrm{Specm}\ (\mathbb{R}[T]) \cup \{(0)\}.$

|例5| $n \geq 2$に対して、

空間と環

$$\mathrm{Specm}\ (\mathbb{C}[T_1,\cdots,T_n]) = \{(T_1-\alpha_1,\cdots,T_n-\alpha_n)\mid \alpha_1,\cdots,\alpha_n\in\mathbb{C}\}$$
$$\xleftrightarrow{1:1}\mathbb{C}^n.$$

証明について

①例1、例3、例4に出てくる $\mathbb{Z}$, $\mathbb{C}[T]$, $\mathbb{R}[T]$ は単項イデアル整域（PID）ですので、難しくありません。ただし、たとえば、例3で Specm $(\mathbb{C}[T])$ と $\mathbb{C}$ は1対1対応（全単射対応）が付きますが、$\mathbb{C}$ の普通の位相とは異なっています。Specm $(\mathbb{C}[T])$ の位相を $\mathbb{C}$ に移しますと、閉集合が $\mathbb{C}$ あるいは有限集合（空集合も含む）という奇妙な位相です。

②例2は、まず、$\mathbb{C}^n = \mathbb{C}\times\cdots\times\mathbb{C}$ のイデアル全体を求めるのがわかりやすいでしょう。詳しくは [7] を見てください。

③例5は（$n=1$は例3になっていて易しいのですが）一般に『ヒルベルト零点定理』と呼ばれる大定理で、証明はあまり易しくありません。この例によって、ユークリッド空間 $\mathbb{R}^n$ の複素数版 $\mathbb{C}^n$ が Specm $(\mathbb{C}[T_1,\cdots,T_n])$ として集合としては出てくることがわかりますので、図形が考えやすくなります。なお、$n\geq 2$ のときには、Spec $(\mathbb{C}[T_1,\cdots,T_n])$ との差は (0) のみではなく、とても豊富なものになっています。それらは、代数的集合や代数的多様体と呼ばれるものです。

5 ハッセ・ゼータ関数

ゼータ関数は、有名なリーマン・ゼータ関数

$$\zeta(s) = \sum_{n=1}^{\infty} n^{-s}$$

のように無限和（ディリクレ級数）の形から導入される場合が多い

のですが、数論においては

$$\zeta(s) = \prod_{p:\text{素数}} (1-p^{-s})^{-1}$$

のように無限積（オイラー積）の表示をもつことが重要です。それによって、ゼータ関数は素数の深い研究に結びつきます。

たとえば、微分積分学の教科書では

$$L(s) = \sum_{m=0}^{\infty} (-1)^m (2m+1)^{-s}$$

$$= \sum_{n:\text{奇数}}^{\infty} (-1)^{\frac{n-1}{2}} n^{-s}$$

もよく出てきます。これもオイラー積表示

$$L(s) = \prod_{p:\text{奇素数}} (1-(-1)^{\frac{p-1}{2}} p^{-s})^{-1}$$

をもち、素数の研究に使われます。

オイラー積の源泉といえるものが、ハッセ・ゼータ関数です。ドイツの数学者ハッセ（H.Hasse）が1950年頃に考えはじめました。それは、$\mathbb{Z}$上の有限生成の可換環R、つまり

$$R = \mathbb{Z}[T_1, \cdots, T_n]/I$$

という形の環Rに対して

$$\zeta_{\text{Specm}(R)}(s) = \prod_{J \in \text{Specm}(R)} (1-N(J)^{-s})^{-1},$$

$$N(J) = |R/J|$$

として定まるものです。ここで、R/Jは有限体になります。

例1

$$\zeta_{\mathrm{Specm}(\mathbb{Z})}(s) = \prod_{p:\text{素数}} (1-p^{-s})^{-1} = \zeta(s). \quad [1次元]$$

例2

$$\zeta_{\mathrm{Specm}(\mathbb{F}_p)}(s) = (1-p^{-s})^{-1}. \quad [0次元]$$

とくに

$$\zeta_{\mathrm{Specm}(\mathbb{Z})}(s) = \prod_p \zeta_{\mathrm{Specm}(\mathbb{F}_p)}(s).$$

例3

$$\zeta_{\mathrm{Specm}(\mathbb{Z}[\sqrt{-1}])}(s) = \zeta(s)L(s). \quad [1次元]$$

この等式は、類体論のはじめです。

例4

$$\zeta_{\mathrm{Specm}(\mathbb{Z}[T])}(s) = \zeta(s-1). \quad [2次元]$$

数論の中でも、とりわけ重要な予想にハッセ予想があります。

ハッセ予想

$\mathbb{Z}$上有限生成の可換環Rに対して、ハッセ・ゼータ関数$\zeta_{\mathrm{Specm}(R)}(s)$はすべての複素数$s$へと有理型に解析接続できる。

この予想を解決することは、数論研究者の夢です。フェルマー予想の証明に使われた有名な谷山予想は楕円関数環

$$R = \mathbb{Z}[x,y]/(y^2 - x^3 - ax - b)$$

のときにハッセ予想を考えたものです。またラングランズ予想もハッセ予想を一般の場合に解こうとして考えだされました。いずれも、方針としては、ハッセ・ゼータ関数を保型形式のゼータ関数によって表示するというものです。21世紀になって、2001年の谷山予想の解決、2011年の佐藤・テイト予想の解決など、ハッセ予想について目覚ましい前進が起こってきましたが、完全解決への道ははるか彼方です。

6 ゲルファント・シロフの定理

ゲルファント・シロフの定理（1940年頃）は、空間と環の対応を明示している次の結果を指します。

定理4

Xをコンパクト・ハウスドルフ空間とし、$C(X)$ を X 上の複素数値連続関数全体の環とする。このとき、次が成立する。

$$\mathrm{Specm}\,(C(X)) \underset{\text{同相}}{\approx} X.$$

[注1] $C_\mathrm{R}(X)$ を X 上の実数値連続関数全体の環とすると

$$\mathrm{Specm}\,(C_\mathrm{R}(X)) \underset{\text{同相}}{\approx} X.$$

がやはり成立します［証明は複素数値の場合の簡単な変更 —— 基本的にはCをRに変える —— で与えられます］。

注2 ゲルファント・シロフの原論文では、"代数的"な Specm ($C(X)$) の代わりに、$\mathbb{C}$ 代数 $C(X)$ の（既約）表現全体

$$\widehat{C(X)} = \mathrm{Hom}_{\mathbb{C}\text{-代数}}(C(X), \mathbb{C}) = \{\varphi \mid \varphi : C(X) \to \mathbb{C} \text{ は } \mathbb{C}\text{-代数の準同型写像}\}$$

という"解析的"なものが使われています。これは、1次元表現（指標）全体であって、「スペクトル $C(X)$」という本来の意味により近いものになっていて（双対とも書かれる）、後の C^* 環論と非可換幾何へとつながっています。今の場合、2つの記述法は

$$\widehat{C(X)} = \mathrm{Hom}_{\mathbb{C}\text{-代数}}(C(X), \mathbb{C}) \xleftrightarrow{1:1} \mathrm{Specm}\ (C(X))$$
$$\cup\!\mid \qquad\qquad\qquad\qquad\qquad \cup\!\mid$$
$$\varphi \longmapsto \mathrm{Ker}(\varphi)$$

という対応によって同一視できます。

定理4の証明は、具体的でわかりやすい有限位相空間の場合（$|X| < \infty$）を ⑦ で行い、一般の場合を ⑧ で行うことにします。

⑦ 有限位相空間の場合

ここでは、次のことを証明しておきましょう。

定理5

$$\mathrm{Specm}\ (\mathbb{C}^n) = \mathrm{Spec}\ (\mathbb{C}^n) = \{I_1, \cdots, I_n\}.$$

ここで

$$I_1 = 0 \times \mathbb{C} \times \cdots \times \mathbb{C}$$
$$\vdots$$

$$I_n = \mathbb{C} \times \mathbb{C} \times \cdots \times 0.$$

定理5から、$X = \{x_1, \cdots, x_n\}$ の場合（位相は離散位相）の定理4（ゲルファント・シロフの定理）が導かれることを証明しましょう。それは

$$C(X) \cong \mathbb{C} \times \cdots \times \mathbb{C} = \mathbb{C}^n$$
$$\cup \qquad\qquad \cup$$
$$f \longmapsto (f(x_1), \cdots, f(x_n))$$

という環の同型を通じて

$$\operatorname{Specm}(C(X)) \underset{同相}{\approx} \operatorname{Specm}(\mathbb{C}^n) \underset{定理5}{=} \{I_1, \cdots, I_n\} \underset{同相}{\approx} X$$

となるからです。ここで、最後の同相は、Specm（$\mathbb{C}^n$）の位相が離散位相になっていることから従います（このことは$\mathbb{C}^n$のイデアルをすべて決めますので簡単にわかります）。また、離散位相の入った有限位相空間の間では同相とは点の個数が等しいことと同じことです。

定理5の証明

次の2段階に分けて説明します。

第1段

$\mathbb{C}^n = \mathbb{C} \times \cdots \times \mathbb{C}$ のイデアル全体は
$\{I^{(1)} \times \cdots \times I^{(n)} \mid I^{(j)} = 0, \mathbb{C}\}$
という 2^n 個．

第2段

Specm $(\mathbb{C}^n) = \{I_1, \cdots, I_n\}$,

$I_1 = 0 \times \mathbb{C} \times \cdots \times \mathbb{C}$

$\vdots$

$I_n = \mathbb{C} \times \mathbb{C} \times \cdots \times 0$.

第1段の証明

$I^{(1)} \times \cdots \times I^{(n)}$ の形のものが $\mathbb{C}^n$ のイデアルになることは問題ありません。この形しかないことを示すことが中心となります。

I を $\mathbb{C}^n$ のイデアルとして

$$I^{(j)} = \{x_j \mid (x_1, \cdots x_j, \cdots, x_n) \in I\}$$

とおきます。すると、$I^{(j)} \subset \mathbb{C}$ は $\mathbb{C}$ のイデアルであることがわかります。したがって、$I^{(j)} = 0, \mathbb{C}$ となります。そこで、

$$I = I^{(1)} \times \cdots \times I^{(n)}$$

が成立することを言えばよいわけです。集合の等式 = を言うには ⊂ と ⊃ を示すのが定番です。

⊂ の証明：$(x_1, \cdots x_j) \in I$ とすると、定義から $x_j \in I^{(j)}$ ですので、
$$(x_1, \cdots x_n) \in I^{(1)} \times \cdots \times I^{(n)}.$$

⊃ の証明：$(x_1, \cdots x_n) \in I^{(1)} \times \cdots \times I^{(n)}$ とします。

まず、$x_1 \in I^{(1)}$ より、$(x_1, x'_2, \cdots, x'_n) \in I$ が存在します。

このとき、$(1, 0, \cdots, 0) \in \mathbb{C}^n$ をかけて
$$(1, 0, \cdots, 0)\,(x_1, x'_2, \cdots, x'_n) \in I.$$

よって、$(x_1, 0, \cdots, 0) \in I.$

同様にして、$(0,x_2,0,\cdots,0),\cdots,(0,\cdots,0,x_n)$ が I に属することが言えます。したがって、

$(x_1,0,\cdots,0) + (0,x_2,0,\cdots,0) + \cdots + (0,\cdots,0,x_n) \in I.$

よって、$(x_1,x_2,\cdots,x_n) \in I.$

第2段の証明

$I \in \mathrm{Specm}\,(\mathbb{C}^n)$ とすると、第1段により $I = I^{(1)} \times \cdots \times I^{(n)}$ と書けます。このとき

$$\mathbb{C}^n/I = (\mathbb{C}/I^{(1)}) \times \cdots \times (\mathbb{C}/I^{(n)})$$

が体になるのは、$I^{(1)},\cdots,I^{(n)}$ のうち1個のみ0、他は $\mathbb{C}$ という場合だけです。したがって、極大イデアルは $I=I_1,\cdots,I_n$. 同様にして $\mathbb{C}^n/I$ が整域になる場合を見ても結果は同じで、素イデアルは $I=I_1,\cdots,I_n$.

[定理5の証明終]

8 一般の場合の証明

ゲルファント・シロフの定理(定理4)を一般の X の場合に証明します。次の4段階に分けて順番に証明していきます。

| 第1段 | 写像 $\Phi : X \to \mathrm{Specm}\,(C(X))$ を作る。
| 第2段 | Φ が単射を示す。
| 第3段 | Φ が全射を示す。[ここが難しい点]
| 第4段 | Φ が同相写像を示す。

第1段 Φ の作り方

各 $a \in X$ に対して

$$\Phi(a) = \{f \in C(X) \mid f(a) = 0\}$$

とおきます。このとき

$$\Phi(a) \in \mathrm{Specm}\ (C(X))$$

となります。つまり、$\Phi(a)$ は $C(X)$ の極大イデアルとなります。

証明 環の準同型定理を使います。写像

$$\varphi : C(X) \longrightarrow \mathbb{C}$$
$$\cup \qquad\qquad \cup$$
$$f \longmapsto f(a)$$

は全射の環準同型になります。よって準同型定理から

$$C(X)/\mathrm{Ker}(\varphi) \cong \mathrm{Im}\ (\varphi) = \mathbb{C}.$$

ここで、$\mathrm{Im}\ (\varphi) = \mathbb{C}$ は体なので $\mathrm{Ker}(\varphi)$ は $C(X)$ の極大イデアルです。さらに、$\mathrm{Ker}(\varphi) = \{f \in C(X) \mid f(a) = 0\} = \Phi(a)$ なので、

$$\Phi(a) \in \mathrm{Specm}\ (C(X)).$$

第2段 Φ は単射

『$a \neq b$ なら $\Phi(a) \neq \Phi(b)$』を示します。そのために、X がハウスドルフ空間（分離空間）であることを使います。すると、$a \neq b$ なので、$f(a) = 0, f(b) \neq 0$ となる $f \in C(X)$ が存在します。このとき、$f \in \Phi(a), f \notin \Phi(b)$ なので $\Phi(a) \neq \Phi(b)$ がわかります。

|第3段| Φは全射

背理法を用いて証明します。いまΦは全射ではなかったと仮定します。すると、ある$J \in \mathrm{Specm}\,(C(X))$であって、どの$a \in X$に対しても$J \neq \Phi(a)$となっているものが存在することになります。

よって、各$a \in X$に対して$f_a \in J$を$f_a \notin \Phi(a)$となるようにとれます（Jは極大イデアルです）。このとき、$f_a(a) \neq 0$なので、ある開集合$U_a \ni a$であってU_a上では$f_a(x) \neq 0$となるようなものがとれます。もちろん$\bigcup_{a \in X} U_a = X$となっているので、$X$がコンパクトであることから

$$X = U_{a_1} \cup \cdots \cup U_{a_n}$$

となるような$a_1, \cdots, a_n \in X$をとることができます。

そこで、

$$\begin{aligned} f(x) &= |f_{a_1}(x)|^2 + \cdots + |f_{a_n}(x)|^2 \\ &= \overline{f_{a_1}(x)}\,f_{a_1}(x) + \cdots + \overline{f_{a_n}(x)}\,f_{a_n}(x) \end{aligned}$$

とおきます。すると、次の (1) 〜 (4) が成り立ちます：

$\begin{cases} (1) \ f \in C(X). \\ (2) \ f \in J. \\ (3) \ \text{すべての}x \in X\text{に対して}f(x) > 0. \\ (4) \ \dfrac{1}{f} \in C(X). \end{cases}$

確認：

$\begin{cases} (1) \text{は作り方から問題ありません。} \\ (2) \text{は}f_{a_1}, \cdots, f_{a_n} \in J,\ \overline{f_{a_1}}, \cdots, \overline{f_{a_n}} \in C(X)\text{からわかります。} \\ (3) \text{は各}x \in X\text{に対して}x \in U_{a_j}\text{となる}j\text{がとれるので、} \end{cases}$

$$f(x) \geq |f_{a_i}(x)|^2 > 0.$$

(4) は (1) と (3) から従います。

このようにして、(4) と (2) から

$$1 = \frac{1}{f} \cdot f \in J.$$

つまり、$J = C(X)$ となって矛盾が出ます。したがって、背理法から Φ は全射となることがわかります。

|第4段| Φ は同相

これは $\Phi(\mathbb{V}(X)) = \mathbb{V}(\text{Specm}(C(X)))$ となることを見ればよいのですが、X の閉集合 K と Specm $(C(X))$ の閉集合 $V(I)$ が互いに

$I = \{f \in C(X) |$ すべての $a \in K$ に対して $f(a) = 0\}$,

$K = \{a \in X | \Phi(a) \supset I\}$

によって対応していることからわかります。

これでゲルファント・シロフの定理の一般の場合が証明されました。

[定理4の証明終]

|注意| 写像 $\Phi : X \to$ Specm $(C(X))$ を $X = \{x_1, \cdots, x_n\}$ の場合(定理5と解説)に見ると、$\Phi(x_j) = I_j$ となっていることがわかります。

9 超準構成

超準解析という分野があります。実数体 $\mathbb{R}$ を拡大した超準実数体 $^*\mathbb{R}$ を作り、その上で微分積分学などの解析を行う分野です。1960

年代にロビンソンによって教科書 A.Robinson "Non-standard Analysis"（North-Holland,1966年）にまとめられ、日本語でも斎藤正彦『超積と超準解析：ノンスタンダードアナリシス』（東京図書、1992年）などの解説本があります。これは、従来の ε-δ 論法とは違って、無限小実数や無限大実数を $^*\mathbb{R}$ の中に実装しています。無限小量を普通の数のように扱いたいという、ライプニッツの理想の一つの実現です。

その超準実数体 $^*\mathbb{R}$ の構成は、これまで考えてきた枠組の中に入っています。

一般に、体 K に対して n 個の直積を

$$K^n = K \times \cdots \times K = \{(a_1,\cdots,a_n) \mid a_i \in K\}$$

とし、（可算）無限個の直積を

$$\overset{\infty}{\prod} K = \{(a_1, a_2, a_3, \cdots) \mid a_i \in K\}$$

と書くことにします。$\overset{\infty}{\prod} K$ は可換環です。さらに（可算）無限個の直和を

$$\overset{\infty}{\oplus} K = \{(a_1, a_2, a_3, \cdots) \mid a_i \in K, \text{有限個を除いては} a_i = 0\}$$

とおきます。$\overset{\infty}{\oplus} K$ には単位元 $(1,1,1,\cdots)$ が入っていないことに注意してください。$\overset{\infty}{\oplus} K$ は $\overset{\infty}{\prod} K$ のイデアルになります。［「K^∞」という記号は無限直積あるいは無限直和のどちらを指すのか不明なことが多くなるため、ここでは使いません：有限個数なら直積と直和は一致しています。］ そこで、

$$R = \overset{\infty}{\prod} K \supsetneq I = \overset{\infty}{\oplus} K$$

という、環 R とイデアル I の組が得られます。すると、定理1証明の☆で示した通り、

$$R \supsetneq J \supset I$$

となる極大イデアル J が存在します。これを用いて

$$^*K = R/J \quad \longleftarrow \quad K$$
$$\cup\!\shortparallel$$
$$(a,a,a,\cdots) \bmod J \longleftarrow a$$

として得られた体 $^*K$ が超準体です（J の取り方はいろいろあります）。通常の超準解析の本では「極大イデアル」の代わりに「ウルトラフィルター」などの言葉を導入していますので、わかりにくくなっているかもしれません。

具体的に、$^*\mathbb{R}$ の元

$$\varepsilon = (1, \frac{1}{2}, \frac{1}{3}, \cdots) \bmod J,$$
$$\omega = (1, 2, 3, \cdots) \bmod J,$$

を取りますと、無限小実数 ε と無限大実数 ω が $^*\mathbb{R}$ の中に実現されたことになります。しかも、$\varepsilon\omega = 1$ です。

なお、有限個の積 K^n では、定理5と同様に

$$\mathrm{Specm}\ (K^n) = \{I_1, \cdots, I_n\},$$
$$I_1 = 0 \times K \times \cdots \times K$$
$$\vdots$$
$$I_n = K \times K \times \cdots \times 0$$

となり、K^n を極大イデアル J で割って得られる剰余体は（$J = I_1$,

…,I_n のどれでも）$K^n/J \cong K$ となって、新しいものは出てきません。超準構成は無限直積のおかげです。

このように、無限直積を極大イデアルで割ると面白いものがたくさんでてきます。数論では無限直積

$$\prod_{p:\text{素数}} \mathbb{F}_p = \{(a_2, a_3, a_5, \cdots) \mid a_p \in \mathbb{F}_p\}$$

と無限直和

$$\bigoplus_{p:\text{素数}} \mathbb{F}_p = \{(a_2, a_3, a_5, \cdots) \mid a_p \in \mathbb{F}_p, \text{ 有限個の} p \text{を除き } a_p = 0\}$$

という環とイデアルの組

$$R = \prod_p \mathbb{F}_p \supsetneq I = \bigoplus_p \mathbb{F}_p$$

から出発して、

$$R \supsetneq J \supset I$$

となる極大イデアル J をとって作られた剰余体（標数 0）

$$(\prod_p \mathbb{F}_p)/J \rightleftarrows \mathbb{Q}$$

が活躍しています。

10 絶対スキーム

スキームは環（$\mathbb{Z}$-代数）R のスペクトル

$$\mathrm{Spec}(R) = \{I \mid I \text{ は } R \text{ の素イデアル}\}$$

が基本となっていました。スキームは $\mathbb{Z}$-代数から作られていますので、$\mathbb{Z}$-スキームと呼ぶのも自然です。

これを絶対スキーム（$\mathbb{F}_1$-スキーム）にするには、絶対代数（$\mathbb{F}_1$-代数）Aのスペクトル

$$\mathrm{Spec}(A) = \{I \mid I \text{は} A \text{の素イデアル}\}$$

が基本になります。ここで、絶対代数とは、モノイドA（演算は乗法的に書きます）で零元0をもっているものです。詳しくは

黒川信重・小山信也『絶対数学』日本評論社,2010年

を見てください。

絶対代数Aのイデアルと素イデアルの定義は次の通りです。

---

(1) Aの部分集合Iがイデアル
 $\underset{\text{定義}}{\Leftrightarrow} AI \subset I$が成立する
 $\Leftrightarrow$すべての$a \in A, x \in I$に対して、$ax \in I$.

(2) イデアルIが素イデアル
 $\underset{\text{定義}}{\Leftrightarrow} A - I$が乗法モノイド
 $\Leftrightarrow a, b \in A$に対して『$a, b \in I$なら$ab \in I$』が成立
 $\Leftrightarrow a, b \in A$に対して『$ab \in I$なら$a \in I$または$b \in I$』が成立.

例 $A = (\mathbb{Z}, \times)$：乗法モノイド

素数pに対して $(p) = \{0, \pm p, \pm 2p, \pm 3p, \cdots\}$は素イデアルです。

$(2) = \{0, \pm 2, \pm 4, \pm 6, \pm 8, \pm 10, \pm 12, \pm 14, \pm 16, \pm 18, \pm 20, \cdots\}$

$(3) = \{0, \pm 3, \pm 6, \pm 9, \pm 12, \pm 15, \pm 18, \cdots\}$

$(5) = \{0, \pm 5, \pm 10, \pm 15, \pm 20, \cdots\}$

は素イデアルです。さらに、相異なる素数$p_1, \cdots, p_r$に対して $(p_1) \cup \cdots \cup (p_r)$ も素イデアルになります。また、$(0) = \{0\}$ も素イデアル

です。

このようにして、
$(0) \subsetneq (2) = \{0, \pm 2, \pm 4, \pm 6, \pm 8, \pm 10, \pm 12, \pm 14, \pm 16, \cdots\}$
$\subsetneq (2) \cup (3) = \{0, \pm 2, \pm 3, \pm 4, \pm 6, \pm 8, \pm 9, \pm 10, \pm 12, \pm 14,$
$\pm 15, \pm 16, \cdots\}$
$\subsetneq (2) \cup (3) \cup (5) = \{0, \pm 2, \pm 3, \pm 4, \pm 5, \pm 6, \pm 8, \pm 9, \pm 10,$
$\pm 12, \pm 14, \pm 15, \pm 16, \cdots\}$
$\subsetneq (2) \cup (3) \cup (5) \cup (7) = \{0, \pm 2, \pm 3, \pm 4, \pm 5, \pm 6, \pm 7, \pm 8, \pm 9,$
$\pm 10, \pm 12, \pm 14, \pm 15, \pm 16, \cdots\}$

というように、素イデアルの無限増大列が得られます。

この状況は、n変数多項式環$\mathbb{C}[T_1,\cdots,T_n]$のときの素イデアルの増大列が

$(0) \subsetneq (T_1 - a_1) \subsetneq (T_1 - a_1, T_2 - a_2) \subsetneq \cdots \subsetneq (T_1 - a_1, \cdots, T_n - a_n)$

のように、長さn［長さとは「$\subsetneq$」の個数］が最大となっていること ── これを$\mathbb{C}[T_1,\cdots,T_n]$は$n$次元であるといい、dim Spec $(\mathbb{C}[T_1,\cdots,T_n])=n$と書く ── や、無限多変数多項式環$\mathbb{C}[T_1,T_2,\cdots]$のときの素イデアルの増大列に

$(0) \subsetneq (T_1 - a_1) \subsetneq (T_1 - a_1, T_2 - a_2)$
$\subsetneq (T_1 - a_1, T_2 - a_2, T_3 - a_3) \subsetneq \cdots$

という長さ無限のものが存在すること ── これを$\mathbb{C}[T_1,T_2,\cdots]$は無限次元であるといい、dim Spec $(\mathbb{C}[T_1,\cdots,T_n])=\infty$と書く ── と比較するとわかりやすいでしょう。

絶対代数$(\mathbb{Z}, \times)$には素イデアルの無限長増大列が存在することはdim Spec $(\mathbb{Z}, \times)=\infty$ということを示しています。

一方、通常の整数環$(\mathbb{Z}, \times, +)$のスキームSpec $(\mathbb{Z}, \times, +)$の次元は1です。実際、$\mathbb{Z}$の素イデアルの増大列の長さは

$$(0) \subsetneq (p)$$

のように、最大1ですので、dim Spec $(\mathbb{Z}, \times, +)$ = 1です。

　このことが、$\mathbb{Z}$を環（$\mathbb{Z}$-代数）と考えたとき（1次元）と絶対代数（F_1-代数）と考えたとき（無限次元）との大きな違いとなっています。

　このように、絶対スキームは通常のスキームより豊富な構造をもち、その研究から明るい未来を展望することができます。

索引

英字・数字
abc 予想	20,39
F_1	29
F_p	74
$Li(x)$	82,114

あ行
位相空間	175
位相不変的な性質	119
位相不変量	118
1 位の極	54,151
1-境界サイクル	121
1-サイクル	120
1 次元ホモロジー群	120
イデアル	59,105,179
F_1 スキーム	45,112
F_1 理論	107
オイラー積	17,73
オイラーの五角数定理	32
オイラー標数	122

か行
解析接続	53,63
ガウス積分	163
可換環	111
可換モノイド	111
環	107,177
ガンマ（Γ）関数	64,160
極大イデアル	105
空間	62
黒川テンソル積	168
ゲルファント・シロフの定理	109,193
合同ゼータ	78
ゴールドバッハ予想	148
コホモロジー	116,122

さ行
収束域	18,52,63
深リーマン予想	84,139
スキーム	102
素測地線（素ひも）	79
スピロ予想	57,60
スペックゼット（Spec(Z)）	68,71
正則関数	52
ゼータ関数	72

Z スキーム	44
セルバーグゼータ	73,79
0-コサイクル	123
0-サイクル	119
0 次元コホモロジー	123
0 次元ホモロジー群	119
素イデアル	68,105
素数定理	82

た行
楕円曲線	57
多項式	103
谷山予想	42
トポロジー	116

は行
ハッセ・ゼータ	73,190
フェルマーの最終定理	38
フェルマー予想	38,56
複素関数	52
複素数	52,102
複素平面	52
双子素数	146
ブルバキ	68
ポアンカレ予想	26
保型形式	136
ホモロジー	119

ま行
無限次元	69
メルセンヌ素数	148
望月新一	20

や行
有限次元	69
四色問題	89

ら行
ラマヌジャン	136
ラマヌジャンのデルタ	137
ラマヌジャン予想	139
リーマン予想	66
リーマンゼータ	63,72
リーマン素数公式	114
類	119
零点	66
零点に関する積	16,54,76

21世紀の新しい数学
～絶対数学、リーマン予想、そしてこれからの数学

2013年 8月25日　初版　第1刷発行
2013年10月25日　初版　第2刷発行

　著　者　黒川 信重／小島 寛之
　発行者　片岡 巌
　発行所　株式会社技術評論社
　　　　　東京都新宿区市谷左内町21-13
　　　　　電話 03-3513-6150　販売促進部
　　　　　　　 03-3267-2270　書籍編集部

印刷／製本　株式会社加藤文明社

定価はカバーに表示してあります。

本の一部または全部を著作権の定める範囲を超え、無断で複写、
複製、転載、テープ化、あるいはファイルに落とすことを禁じます。

©2013　KUROKAWA Nobushige/KOJIMA Hiroyuki
造本には細心の注意を払っておりますが、万一、乱丁（ページの乱れ）
や落丁（ページの抜け）がございましたら、小社販売促進部までお送
りください。送料小社負担にてお取り替えいたします。

●ブックデザイン　大森裕二
●本文DTP　株式会社 森の印刷屋

ISBN978-4-7741-5829-7　C0041
Printed in Japan